农村低压智能配电网
建设与运行

陈永进　李钦豪　张勇军　编著

中国电力出版社
CHINA ELECTRIC POWER PRESS

内 容 提 要

发展农村低压智能配电网，是建设美丽乡村、实施乡村振兴战略的重要基础。本书内容共 8 章，涉及农村低压配电网存在的问题，以及农村低压智能配电网的典型建设模式与总体方案、设备配置方案、景观融合工程综合技术、监测和分析技术、电能质量治理技术、馈线自动化策略、建设案例等内容。

本书可供从事智能配电网规划和运行的研究人员使用，也可作为高等院校相关专业广大师生的参考用书。

图书在版编目（CIP）数据

农村低压智能配电网建设与运行 / 陈永进，李钦豪，张勇军编著. —北京：中国电力出版社，2022.6
ISBN 978-7-5198-6854-3

Ⅰ．①农…　Ⅱ．①陈…　②李…　③张…　Ⅲ．①智能控制–农村配电–配电系统　Ⅳ．①TM727.1

中国版本图书馆 CIP 数据核字（2022）第 108136 号

出版发行：中国电力出版社
地　　址：北京市东城区北京站西街 19 号（邮政编码 100005）
网　　址：http://www.cepp.sgcc.com.cn
责任编辑：岳　璐　马玲科
责任校对：黄　蓓　王海南
装帧设计：郝晓燕
责任印制：石　雷

印　　刷：河北鑫彩博图印刷有限公司
版　　次：2022 年 6 月第一版
印　　次：2022 年 6 月北京第一次印刷
开　　本：787 毫米×1092 毫米　16 开本
印　　张：8.25
字　　数：174 千字
印　　数：0001—1000 册
定　　价：56.00 元

版 权 专 有　侵 权 必 究

本书如有印装质量问题，我社营销中心负责退换

前　言

　　2016 年，国务院发文通知在"十三五"期间实施新一轮农村电网改造升级，要求建设结构合理、技术先进、安全可靠、智能高效的现代农村电网；2017 年，十九大报告提出实施乡村振兴战略，建设美丽中国，为人民创造良好的生产、生活环境；2018 年，《中共中央　国务院关于实施乡村振兴战略的意见》对实施乡村振兴战略进行全面部署。美丽乡村建设对农村配电网提出了更高要求，电力企业应主动向当地政府了解电网建设与改造需求，因地制宜地建设面向美丽乡村的低压配电网。

　　低压配电网直接影响着用户的用电体验。经过多年发展，中压配电网一次、二次设备以及自动化系统基本实现了成熟、稳定的运行，但 10kV 线路下的台区运行管理得到的关注较少。由于历史发展原因和农村经济发展的影响，目前农村低压配电网存在着发展投入不足、网架基础薄弱、装备自动化水平不高、供电损耗偏大、地区间差异较大等问题，亟需通过数字化、智能化技术填补空缺。

　　此外，低压配电网是挖掘电力用户增量价值的关键环节，是智能电网建设中最具有数据价值的组成部分。随着国家对一般工商业电价的调控到位，电网企业从传统的商业模式中获得利润的空间已经相当有限，提升低压配电网运行的效率、释放低压配电网的价值成为电网企业的迫切需求。

　　但同时应该看到，农村低压配电网覆盖面广、负荷分散，因此不可能通过投入大量人力、物力的方式实现信息化、智能化，必须寻求适应农村低压配电网特点的建设模式和运行方法。

　　针对上述问题，本书根据美丽乡村背景下的农村电网智能配用电需求，总结农村低压配电网存在的问题，分析农村典型村落、水产养殖、花卉种植、特色旅游等特色项目的配电台区及低压配电网供电特点。通过低压智能配电网的功能需求、智能化设备、配电台区的智能化功能配置等，提出面向美丽乡村的典型智能台区及低压配电网建设模式及设计方案，总体上解决农村低压配电网智能设备少、技术水平低、网架不坚强、通信不完善等问题。

　　本书结合乡村产业发展特点和负荷类型标准对典型台区进行了分类，总结了台区建设模式，并从源、网、荷三个层面提供了设备和功能配置，实现台区差异化、定制化建设的目标；通过深度挖掘现场数据并采用大数据分析和边缘计算技术，在不需要增加大量辅助设备的前提下，为电网企业基层一线运行管理人员直接提供重点关注问题的分析数据和结果，包括低电压、三相不平衡严重、台区线损异常以及线路故障或异常停电诊断响应慢等问题。该技术的特点在于集成化和边缘计算，运行管理人员可在不同的工况环境下进行灵活部署，有效减少了电网企业为解决现场问题而固定增加的基础设施建设和投资，提高经济性。在"双碳"控制目标的背景下，可以辅助电网提质增效、节能减排，从电网基层"毛细"环节辅助推动各项"双碳"指标的落地和有效执行，为建设低压新型电力系统提供技术支撑。

本书得到了南方电网公司科技项目（030200kk52180054）、国家自然科学基金面上项目（52177085）和广州市科技计划项目（202102021208）的大力支持，在此深表谢意。由于编写时间及作者水平所限，书中疏漏之处在所难免，还望读者不吝赐教。

编　者
2022 年 7 月

目　　录

第1章 概　　述

1.1　选题的背景

在 2013 年中央一号文件《中共中央、国务院关于加快发展现代农业，进一步增强农村发展活力的若干意见》中，第一次提出了建设"美丽乡村"的奋斗目标。十九大报告中提出了决胜全面建成小康社会七大战略，包括了乡村振兴战略。2018 年，《中共中央　国务院关于实施乡村振兴战略的意见》对实施乡村振兴战略进行全面部署。

农村要发展，电力要先行。但落后的农村配电网成为农村发展和美丽乡村建设的一个短板，广大农村地区供电可靠性、安全性、电能质量和美观性都存在较大的差距。2021 年 3 月国家进一步提出了构建以新能源为主体的新型电力系统，这个战略决策给农村的发展和建设带来一个非常巨大的推动，大量的新能源（尤其是光伏发电）接入农村低压配电网，无论是消纳的技术手段，还是外观的美观需求，都对农村低压配电网的建设提出了无比艰巨的任务和莫大的挑战。农村低压配电网的重构势在必行。

1.2　低压配电网存在的问题

低压配电网作为直面用户供电的最后环节，是用电大数据的聚集地，是实现电力物联网泛在连接与数字智能的核心着力点。2018 年统计数据显示，南方电网低压用户数约为 8691 万户；国家电网低压用户数高达 4.47 亿户，配电变压器总台数约为 440 万台，低压配电线路总长度为 554 万 km，网络规模巨大，线路与用户众多。然而，长期以来受管理与技术滞后的影响，低压配电网智能化程度低下，导致出现诸多系统运行管理问题，主要包括：

（1）低压配电网运行缺乏监测、网络拓扑信息缺失。目前，配电网监测仅延伸至配电变压器侧，低压线路缺乏监测计量，处于运行盲区。尽管低压用户基本实现智能电能表全覆盖，但目前仅采集用户日冻结电量数据用以电费核算，用户侧用电状态监测较为粗糙。

此外，当前低压配电网网络拓扑关系信息存在缺失或不准确问题。尽管电网公司计量自动化系统、营销管理系统具有低压台区用户档案信息，但是，受线路迁改、档案未及时同步等管理因素影响，低压台区用户档案信息存在不准确问题。同时，电网公司目前仍缺乏低压台区用户的供电相序与分支线归属信息，难以梳理完整、准确的低压配电网"变-线-相-户"拓扑关系,限制了低压配电网智能化建设的开展。

(2)低压配电网故障占比高、运维抢修效率低。低压配电台区点多面广、走线复杂,终端设备缺乏标准化,现场环境复杂,导致漏电、短路、过载等异常、故障事件频发。由于低压配电网缺乏监测,导致故障停电无法主动感知。由于缺乏网络拓扑关系的支撑,难以迅速定位故障点,进而影响前线人员的运维抢修效率,导致用户停电投诉多,用户用电满意度下降。

(3)低压配电网线损异常问题突出。线损率是电网公司的一个综合性的核心经济技术指标。当前,台区线损管理较为粗放,缺乏对台区以下精细线损的统计分析,无法及时准确地察觉台区线损异常原因,导致台区线损异常问题突出。

(4)低压配电网电能质量问题突出。低压台区供电半径较长,尤其是农村地区台区,且负荷较大,导致末端低电压问题突出。同时,由于低压台区存在单相用户,而单相用户用电行为存在差异,用电存在不同时性,导致台区存在明显的三相不平衡问题。此外,用户侧大量电力电子设备的应用,使谐波、电压波动问题也较为明显。

对农村地区而言,近年来,伴随着美丽乡村建设给现代农村经济和生产生活带来的新变化,各类乡村产业(如水产养殖、花卉种植、特色旅游等)对供电质量及配用电技术提出了更高的需求。由于农村配电变压器台区的低压用户数量不多但分布较散落,尚未实现低压自动化的全覆盖,因此其普遍存在以下四大问题:

(1)农村台区建设未结合用户发展特点。农村台区建设往往以"有电用"为需求导向,而不是从顶层设计开始做好结构性建设。随着用户发展,之前的建设容易暴露出运行问题,包括电压不合格、线路重过载、三相明显不平衡等,一方面对电网企业的供电质量造成挑战,另一方面也对用户的用电体验产生负面影响。

(2)农村低压配电网三线搭挂隐患大、不美观。随着电力、通信和广播电视事业的快速发展,电力线、通信线、广播电视线(简称"三线")的敷设量增多,在架设过程中存在违章跨越搭挂的现象;还有部分商家甚至在"三线"上搭挂广告牌或其他物品。三线搭挂的乱象给电力线路的运行维护带来困难,甚至造成电力施工倒杆、触电、高坠的安全事故,成为威胁人民生命财产安全和电力、通信、广播电视网络安全的隐患。另外,三线无序搭挂,也影响了农村的外在景观,不符合美丽乡村建设对外在美的要求。

(3)农村低压配电网智能化不足。农村低压配电网存在可靠性低、末端电压低、三相负荷不平衡、线损高等运行问题。然而当前针对农村低压配电网的分析手段智能化水平低,智能电能表采集的数据未得到有效的利用,难以及时有效地分析、解决普遍存在的运行问题。

(4)农村低压配电网缺少用户互动性,用户体验感弱。由于供电企业提供的服务有限,大部分情况下,用户只能单向接受、消费电能量,难以跟供电企业产生更多互动,对于用电数据分析、故障报修等服务,用户体验感弱。

可见,开展农村低压智能电网的建设具有迫切意义。

1.3 章节安排

第 2 章介绍了农村低压智能配电网不同类型台区的分类与特性，提出了典型建设模式与总体方案，为实现农村电网智能配用电应用奠定了基础；第 3 章研究建设模式中配电台区低压智能设备具体的配置方案和电能质量治理方案，为农村低压智能配电网建设提供了设备配置层面的技术支撑；第 4 章从美丽乡村的外在美出发，提出了低压智能配电网与农村景观融合的工程技术；第 5~7 章将农村智能配电网的关键技术细分为监测评估、电能质量治理和低压馈线自动化，针对农村台区突出的运行问题，从漏电、停电、电压、线损、三相不平衡等不同角度细化研究内容，并提出相关应用技术，为农村低压台区建设提供了功能层面的技术支撑；第 8 章给出了农村低压智能配电网建设的典型案例。

第 2 章　农村低压智能配电网
典型建设模式与总体方案

当前农村低压配电网覆盖范围较广，就低压台区而言，不同台区的用电特征有很大的差别，且在配电问题和技术要求上存在差异，无法单纯采用单一的模式来建设不同类型的低压配电网。本章首先将依据台区的用电特点及存在问题对台区类型进行划分，并针对台区存在的共性及个性问题划分建设模式；其次，根据台区的突出问题和建设目标匹配相应的建设模式，从源、网、荷三个角度为建设模式列举出可能配置的一次设备及功能，进一步为美丽乡村背景下的低压台区提供定制化、智能化的建设方案；最后，结合低压台区的建设现状和智能化要求，提出智能台区的总体方案。

2.1　典型台区分类及特性分析

典型台区类型的划分是典型台区特性分析的基础。本章对农村智能台区及智能配电网典型建设模式进行研究，结合乡村产业发展与一般负荷划分依据，将典型台区类型按照台区内的主要负荷性质划分为典型村落型台区、特色旅游型台区、花卉种植型台区、水产养殖型台区和乡镇企业型台区五类，本节分析每一类台区的特点。

2.1.1　典型村落型台区

1. 台区存在问题及供电特点

用电负荷以居民用电为主，农村人口一般居住比较分散，造成用电负荷分散，供电方式呈辐射状，供电半径相对较长，末端电压偏低。由于受农村地理环境与管理所限，农村地区线路三线挂接严重，影响农村整体格局，与美丽乡村建设不相适应。

2. 台区建设及改造建议

在该类型台区中，对较分散且距离较远的少数用户，考虑增加线路调压器等调压设备，或者增加户用光储，以较小的成本保证偏远用户的用电需求。为适应美丽乡村的建设与发展，应对三线挂接的情况进行整治，保持农村外观整洁，促进景观融合加深。

2.1.2　特色旅游型台区

1. 台区存在问题及供电特点

用电负荷以餐饮、农家乐、旅游住宿和娱乐设施为主，是典型村落型的数倍，用电需求量更大。如果电力改造跟不上农家院的建设速度，用电高峰时刻就会出现配电变压器过负荷情况，以及线路过负荷运行，降低配电设备的绝缘性能和使用寿命。同时，旅游乡村对外观的要求非常高，外露的供电设备容易破坏旅游景点的观赏性。

2. 台区建设及改造建议

该类型台区的建设除了考虑配电变压器容量要满足旅游产业的发展，还要考虑尽量减少配电设施外露，在无法避免的情况下，需要选取集成化水平较高的设备，同时对设备外观进行喷涂彩绘，使配电设施与周围环境相协调，满足景观融合的需求。

2.1.3　花卉种植型台区

1. 台区存在问题及供电特点

用电负荷以与种植业相关的抽水、灌溉、照明设备为主，花卉种植所需的温室大棚要持续通过加热器、温湿器保持花卉的温度和湿度，因此花卉种植型台区对电压质量要求较高。针对温室大棚，还存在湿度大的问题，一些用电设备及导线容易因老化、绝缘破损发生漏电，需要对线路漏电进行监测，增强安全用电性能。

2. 台区建设及改造建议

部分条件允许的种植基地可以建设"农光互补"型的智能台区，电能自发自用、余电上网，减少电网传输的功率，以保证电压质量。要考虑线路绝缘破损造成的漏电故障，增加漏电监测与告警措施。

2.1.4　水产养殖型台区

1. 台区存在问题及供电特点

用电负荷以与养殖业相关的抽水、打氧设备为主，对供电可靠性要求最高。增氧机要持续运转，电能就是养殖业成败的"生命线"，只有保证供电可靠，养殖业才能提高经济收益。同时，电力线路通常沿水产养殖场建设，环境容易导致触电。抽水、打氧设备对无功功率的需求较大，容易造成台区功率因数低、线损高。

2. 台区建设及改造建议

针对较大或成片的水产养殖基地，为保证供电的可靠性，一是需要对停电事件迅速感知，二是要增加故障转供的手段。对于前者，需要在水产养殖场增加停电上报的功能；对于后者，可采用双电源供电形式，增加台区间、线路间联络，使线路故障停电后能够及时隔离故障并对非故障区域进行转供，还可按需求建设"渔光互补"工程作为备用电源，进一步提高供电可靠性。另外，要考虑线路绝缘破损造成的漏电故障，增加漏电监测与告警措施。对于无功负荷较大的问题，就近安装电容器，减少无功远距离输送。

2.1.5 乡镇企业型台区

1. 台区存在问题及供电特点

用电负荷以农产品加工设备或小工厂加工设备为主，首要任务是满足供电容量的需求。台区大多为动力设备，为保证电动机的有效运转，要达到正常的电压水平且要求有一定的供电可靠性，能够满足产品的正常生产与加工。因多采用电动机等大功率设备，需消耗大量的无功功率，造成功率因数下降，线路损耗增加。

2. 台区建设及改造建议

配置合适容量的变压器满足乡镇企业用电需求。用户功率因数较低，要增加无功补偿设备，尽可能进行就地补偿，提高功率因数。

2.2 针对典型台区的建设模式划分

农村的低压配电变压器台区数量众多，台区内的用电负荷更是复杂多样，难以单纯通过几个典型台区达到普遍适用程度，只能结合台区内的用电情况、产业类型和布局、建设目标做具体考量。下面针对台区普遍存在的问题，为改造或即将建设的台区列举可供选择的模式，最终满足乡村差异化建设或台区智能化建设的需求。

1. 基本模式

基本模式从所有农村低压台区考虑设备、功能的配置，旨在提高台区的自动化、智能化水平，有效实现对低压台区的数据、状态监测与智能运维。具体设备如智能台区监控终端、集抄设备，可实现对配电变压器的常规监测与台区集抄，减少人力运维成本。

2. 宽幅调压模式

宽幅调压模式主要调整配电变压器首端电压波动。电压的波动表现为电压一系列的变动或连续的改变，产生原因为配电变压器高压侧的电源不稳定以及台区内有小水电等分布式电源（DG）接入。10kV 电源侧的电压波动会使台区内的电能质量下降，影响用电设备的正常工作，如生产所用的发电机出力不稳定，并且电压偏高将威胁绝缘、降低设备使用寿命。

该模式首先从源的角度确保配电变压器容量合适、电压稳定，常采用有载调压变压器作为电压调节设备，使一次侧在电压波动较大的情况下，经过变压器将电压稳定在正常范围内，从而减少对配电变压器后的线路电压的影响。

3. 灵活换相模式

灵活换相模式旨在解决台区内的三相不平衡问题，而该问题产生的主要原因在于台区内负荷在相线上分布不均。一般低压台区均采用三相四线制，而三相不平衡将引起中性导体不平衡电流增加，进一步增大线路损耗与电压降落，造成中性点的偏移。总体上，三相负荷的不平衡，轻则降低配电变压器与线路的供电效率，重则会因重载烧坏开关设备与用电设备。

该模式首先保证配电变压器侧的三相电压处于三相平衡状态；其次，线路上加装三相不平衡调节装置，降低线路的不平衡程度，且台区负荷按规范分别均匀接入三相；最后，对容量较大的用电负荷采用三相供电，减少负荷对线路不平衡的影响。

4. 偏远供电模式

偏远供电模式主要解决线路末端电压偏低的问题。位于乡村中的低压台区通常因用户分散，且位置布局往往不规则，导致供电距离超出标准半径，末端线路常出现较为零散的几户用电电压偏低。该模式将结合具体的台区情况配置线路调压设备或光储，以保证末端用户电压处于正常水平，用电设备正常运转。

5. 互动体验模式

互动体验模式强调用户在电力发、输、配、用过程中的参与，旨在提高参与度，从而提升用户与电网的互动体验。该模式采用的主要措施为配置户用光伏，在用户侧发电，让用户实现电能的自发自用、余电上网，获得额外收益；用户还可以通过电网公司开发的智慧移动平台进行用电信息查询、故障报修，了解用户自身用电情况。

6. 可靠备用模式

该模式的可靠备用表现为对用户的持续供电能力，特别是对于水产养殖等特殊产业，供电的可靠性将决定着产业效益。为保证供电可靠率达到台区必须标准，该模式科学地从源、网两个层面考虑后备的设置与转供电的实现，以满足特殊用户及产业对持续供电的需求。

7. 安全监控模式

安全监控模式侧重考虑低压台区送电安全问题。在农村台区的网架线路中，存在线路无序挂接、绝缘老化的问题，要采用绝缘监测设备实现对网架线路的安全监测。同时，为了保证特殊台区的用电安全，如水产养殖、花卉种植等湿度较大的台区，要进行必要的漏电监测，避免因漏电发现不及时造成的安全事故。

8. 就地补偿模式

有功功率一定时，因无序或较大规模接入动力系、电感性设备，会使无功功率缺额增大，造成功率因数降低。如果系统缺乏无功功率，将导致线路电阻的能量损耗增加，且会降低用电设备的端电压。该模式主要针对台区无功功率缺额大、功率因数低的问题，主要考虑采用无功补偿装置进行就地补偿。

2.3　农村电网智能配用电手段分析与定制化方案研究

本节的智能配用电手段与方案针对台区进行定制化研究，每一类型台区从供电特点考虑模式的配置，而模式将从源、网、荷三个角度考虑设备和功能的搭配，实现台区定制化、智能化建设。因存在问题不同或所需功能不一，一个台区会同时出现采用多种模式的情况，模式的选取如在设备、功能上有重叠，将从源、网、荷三个角度按照"因地制宜，择优选取"的原则进行配置。农村低压台区采用的模式推荐见表 2-1。

表 2-1　　　　　　　　　　农村低压台区采用的模式推荐

模式	典型村落型	特色旅游型	花卉种植型	水产养殖型	乡镇企业型
基本模式	基本配置				
宽幅调压模式	按需配置				
灵活换相模式					
偏远供电模式	√	△	○	○	○
互动体验模式	√	○	○	△	△
可靠备用模式	△	√	○	√	○
安全监控模式	○	○	√	√	△
就地补偿模式	○	○	△	√	√

注　"√"表示建议选择;"○"表示可选;"△"表示可不选择。

表 2-1 中低压台区的模式推荐是结合每一类型台区的供电特点所配置的,在实际台区的应用过程中也会有不相适应或考虑不周的情况,但台区可结合实际情况做出模式选择,最终满足台区功能配置及经济性建设要求。每种模式从不同维度考虑,低压台区建设模式的定制化设备与功能配置方案见表 2-2。

表 2-2　　　　　　　　低压台区建设模式的定制化设备与功能配置方案

维度		基本模式	宽幅调压模式	灵活换相模式	偏远供电模式	互动体验模式	可靠备用模式	安全监控模式	就地补偿模式
设备配置	源	智能台区监控终端、集抄系统、常规配电设施	有载调压变压器	—	—	—	母联开关	绝缘监测设备	
	网	—	—	智能换相开关、静止无功发生器(SVG)	线路调压器	户用光伏	联络开关、分段开关	漏电监测设备	电容器、SVG、静止无功补偿器(SVC)
	荷	—	—	—	光储	智慧平台	—	—	电容器、SVG、SVC
功能配置	源		有载调压				备自投	绝缘监测、安全告警	
	网	拓扑识别、监测、集抄	—	换相控制、补偿控制	自动调压、电压越限保护	自发自用、余电上网	故障监测、故障隔离、转供电	在线监测、故障报警	无功补偿控制、网损优化
	荷		—	—	功率控制、电压控制	用电分析、故障申报	—	—	三相不平衡治理、无功补偿控制

表 2-2 所述的功能配置方案从不同建设目标和不同维度考虑模式的建设,具体台区的建设方案可从台区存在的问题及建设目标出发,考虑选取的建设模式后,结合台区亟须解决的问题按照表 2-2 做定制化设备、功能配置。

2.4　智能台区总体方案设计

结合低压台区的建设现状和智能化要求,提出智能台区的总体方案,如图 2-1 所示。

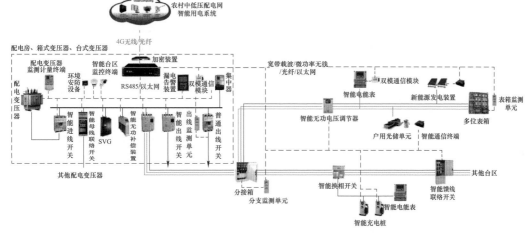

图 2-1　农村低压配电变压器智能台区总体方案示意图

该方案以智能台区监控终端为"台区大脑",收集台区的全部运行数据,并进行本地的计算和控制处理。对于采用标准化规约的智能设备,智能台区监控终端可以与之相互通信;对于传统设备或采用非标准化规约的智能设备,采用智能通信终端进行通信改造。智能台区监控终端采用边缘计算技术,在网络边缘进行数据分析和设备调控,可以大大减少对集中式控制的通信依赖,也可以增加系统抵御网络攻击的能力;智能台区监控终端对上送到集中式系统主站(如智能用电系统)的数据进行加密,有效提高数据安全性。智能台区的功能分为全面监测和自治控制两大类,这两大类功能各有细分的功能,可根据不同台区的实际情况,选取所需功能;也可以定制其他高级应用功能,具体功能设计及实现如下。

1. 全面监测

(1)运行状态监测与评估。智能台区监控终端通过在配电变压器侧、线路侧、用户侧布置的传感器等测量单元,采集电压、电流、功率、谐波等电气模拟量,开关状态、故障状态等电气状态量,以及温度、湿度等外部环境信息(采样周期为 15min),评估低压配电网的实时运行状态。采集关键设备的电气信息与非电气信息,如电压、电流、功率、谐波、温度与湿度等(采样周期为 15min),及时发现潜在的故障风险,有助于低压配电网的高效运维与风险预防,提高低压供电安全性与可靠性。

(2)漏电识别。智能台区监控终端采集接地导体和保护线的电流、电压信息,通过算法和判据识别台区漏电情况。

（3）低压线路故障区段定位。低压智能终端监测到停电事件后，向智能台区监控终端上报停上电信息；智能台区监控终端结合停上电信息、开关状态，判断线路故障发生的区段。

（4）台区可靠性评估。以低压配电网的台区为基本单元，采用中低压故障互斥校验方法统计目标台区的停电时间、故障次数等数据，通过计算可靠性评估指标最终确定台区整体的可靠性。

（5）线损精细化管理。智能台区监控终端通过出线监测单元、分支监测单元与集中器，分别测量采集出线有功功率、各分支线有功功率及各电能表有功功率数据（采样周期为 15min），结合台区电能表与支线电能表的归属信息，计算台区总线损及各分支线线损，实现台区线损的分层精细化分析。

（6）三相不平衡评估。智能台区监控终端通过智能电能表采集各相电能表的电流数据（采样周期为 15min），对台区的三相不平衡情况进行分析，以降低三相不平衡度为目标，给出电能表相序调整的建议。

2. 自治控制

（1）电压控制。智能台区监控终端通过出线监测单元、分支监测单元、智能电能表等电压量测设备采集各节点电压，并制订电压控制方案，下发指令到配电变压器、SVG、智能无功补偿装置、智能无功电压调节器、储能装置，保证电压全面优化。

（2）三相不平衡治理。智能台区监控终端通过配电变压器监测计量终端采集三相电压、电流数据，计算三相不平衡度，并制订治理方案，下发指令到 SVG、相间无功补偿装置和换相开关，实现三相不平衡治理。

（3）网损优化。智能台区监控终端通过出线监测单元、分支监测单元、智能电能表等设备采集功率数据，并制订节能降损控制方案，下发指令到 SVG、智能无功补偿装置、智能无功电压调节器、储能装置，保证网损优化。

（4）故障隔离与恢复。故障发生后，根据故障位置和故障类型，智能台区监控终端制订故障隔离方案，选取需要断开和闭合的开关，并下发指令到相应开关，实现故障的快速准确隔离，恢复非故障区域用电。

2.5 本章小结

本章讨论农村智能台区及智能配电网典型建设模式，做了如下工作：

（1）结合乡村产业发展和负荷划分依据对典型台区进行了分类，分别为典型村落型、特色旅游型、花卉种植型、水产养殖型和乡镇企业型，分析了每一类型台区的特点并提出了对应的建设与改造建议。

（2）根据台区内的用电情况、产业类型与布局、建设目标，研究了针对典型台区的建设模式，可为改造或即将建设的台区提供选择方案。

（3）针对参考建设模式，本章按照"因地制宜，择优选取"的原则，从源、网、荷三个角度提供了可选择的设备和功能，实现台区差异化、定制化建设。

（4）在智能台区总体方案中给出了智能台区的总体介绍，并列举了方案中全面监测和自治控制的具体功能。

第3章　农村低压智能配电网
设备配置方案

　　结合第2章台区建设模式,本章侧重从一次设备方面讨论建设模式的具体设计方案,包括户用光储、低压配电网联络、低电压治理、三相不平衡治理方案,目的是解决台区可靠性、低电压及三相不平衡等问题,为台区差异化建设提供设备层面的支撑。

3.1　户用光储配置方案设计

　　在"十三五"农村电网改造和建设过程中,南方电网有文件表示,对于发展光伏扶贫的贫困村,对电网的改造给予优先支持,电站建好后需及时实现电站并网,因此可结合农村状况与台区产业布局结构进行光储配置。

　　光伏电站要尽量选择荒地、空闲地建设,也可以建设光伏大棚,既节约耕地,又提高效益。户用光伏电站原则上在贫困户屋顶或庭院建设,对屋顶或庭院不适合建设户用光伏电站的,可以按照村级光伏电站选址条件集中联户、以村带户等方式建设,实行分户收益。

3.1.1　分布式光伏在农村电网中的并网场景

3.1.1.1　用户屋顶型分布式光伏并网

1. 装机容量及并网电压

　　用户屋顶型分布式光伏发电系统装机容量一般在几千瓦到几十千瓦,其装机容量的大小,取决于用电设备负载、屋顶的样式和屋顶的面积,并结合电网公司的批复意见,确定最佳安装容量,一般情况下平面屋顶安装量约为 $70W/m^2$。分布式光伏发电系统的并网电压主要由系统装机容量决定,具体并网电压需根据电网公司的接入系统批复决定,一般户用选用 AC 220V 接入电网,商用可选择 AC 380V 或 10kV 接入电网。图 3-1 为户用屋顶光伏发电系统并网示意图。

2. 上网模式

　　户用屋顶光伏发电系统的上网模式有两种,即自发自用、余电上网模式和全额上网模式。

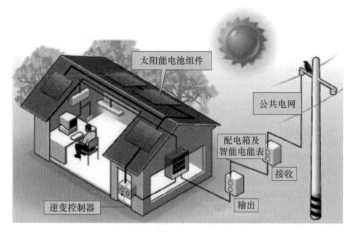

图 3-1　户用屋顶光伏发电系统并网示意图

在分布式光伏发电系统安装完成后，电网公司会进行并网的检验验收，验收合格后会在业主家里安装两块（或双向）电能表，两块电能表会分别对光伏发电系统的发电量和市电的用电量进行独立计量。中华人民共和国国家发展和改革委员会发布关于 2018 年光伏发电项目价格政策的通知：降低 2018 年 1 月 1 日之后投运的光伏电站标杆上网电价，Ⅰ类、Ⅱ类、Ⅲ类资源区标杆上网电价分别调整为 0.55、0.65、0.75 元/kWh（含税），自 2019 年起，纳入财政补贴年度规模管理的光伏发电项目全部按投运时间执行对应的标杆电价。广东省自 2018 年 5 月 31 日起，新投运的光伏电站标杆上网电价统一降低 0.05 元/kWh，Ⅰ类、Ⅱ类、Ⅲ类资源区标杆上网电价分别调整为 0.5、0.6、0.7 元/kWh（含税）。

两种模式的收益计算方法：

（1）自发自用、余电上网模式：

收益=自用收益＋上网收益=自用电量×（自用单价＋国家补贴＋地方补贴）＋
上网电量×（燃煤电价＋国家补贴＋地方补贴）

（2）全额上网模式：

收益=全部发电量×标杆电价

广东地区属于Ⅲ类电价区，标杆上网电价为 0.7 元/kWh，Ⅲ类电价区自发自用电价均高于当地的"全额上网"标杆电价。结合农村电网具体情况，投资屋顶户用光伏建议采用自发自用、余量上网模式。

3. 经济性分析

本节主要以 3kW 户用屋顶光伏发电系统为例进行分析。户用屋顶光伏发电系统的经济性主要取决于设备成本、装机容量、补贴政策。

（1）设备成本。不同的光伏安装公司有各自的定价标准，目前光伏发电系统的合理建设成本一般为 6～10 元/W。光伏组件约占总投资的 49%，逆变器及其他电气设备约占 10%，电缆和支架各占约 10%，这几个分项所占比例较高。因此，设备成本为 3000×8=

24000（元）=2.4 万元。

（2）装机容量。每千瓦光伏发电系统每天可以发 4kWh，需要 $10m^2$ 屋顶安装面积，只要光伏电站的发电量大于家里的用电量，就可以带动家里所有的用电器。理论上，3kW 户用屋顶光伏发电系统每天可以发 12kWh，一个月累计发电量为 12×30=360（kWh），需要 $20m^2$ 屋顶安装面积，假设该用户每个月所需用电量为 100kWh，则上网电量为 360−100=260（kWh）。

（3）补贴政策。若国家补贴电价为 0.42 元/kWh，广东省脱硫燃煤标杆上网电价为 0.3779 元/kWh，居民电价为 0.560 元/kWh，则

投资月收益=自用收益+上网收益=自用电量×（自用单价+国家补贴+地方补贴）+
上网电量×（燃煤电价+国家补贴+地方补贴）
=100×（0.560+0.42）+260×（0.3779+0.42）=305.454（元）
年收益=305.454×12=3665.448（元）

4. 投资回收期

按照上述计算方式，该用户需要 6.5 年，也就是说该用户在投资的第 7 年即可实现盈利，投资 20 年可实现盈利 4.93 万元。

5. 农村电网户用光伏的主要优势

农村天然适合安装分布式光伏发电系统，农村的房屋大都是独立产权的独门独户小院子，安装光伏发电系统不会有产权纠纷；户用光伏发电系统安装在闲置屋顶上，不占用现有土地资源；农村电网设施落后，高峰期或者气候恶劣时用电经常性紧张，安装光伏发电系统并网成功后采用"自发自用"模式会很好地解决这一问题；光伏发电是绿色新能源，利用太阳能发电，绿色、环保、无污染。

光伏农业大棚是光伏应用的一种新模式，与建设集中式大型光伏地面电站相比，光伏农业大棚项目有诸多的优势：

（1）有效缓解用地紧张，促进社会经济可持续发展。光伏农业大棚发电组件利用的是农业大棚的棚顶，并不占用地面，也不会改变土地使用性质，因此能够节约土地利用资源。可在人口大量增加的情况下，有效扭转耕地面积大量减少的局势，并对农村产业的发展起到积极作用。另外，光伏项目在原有耕地上建设，土地质量好，有利于开展现代农业项目，发展现代农业、配套农业，有利于第二、三产业和第一产业的结合，直接提高当地农民的经济收入。

（2）可灵活创造适宜不同农作物生长的环境。通过在农业大棚上架设不同透光率的太阳能电池板，能满足不同作物的采光需求，可种植有机农产品、名贵苗木等各类高附加值作物，还能实现反季种植、精品种植。

（3）满足农业用电需求，产生发电效益。利用棚顶发电可以满足农业大棚的电力需求，如温控、灌溉、照明补光等，还可以将电并网销售给电网公司，实现收益，为投资企业增加效益。

（4）绿色农业生产的新路径。与传统农业相比，光伏的配置更加重视科技要素投入，

更加注重经营管理,更加注重劳动者素质提高。作为一种新型的农业生产经营模式,"光伏＋产业"在带动区域农业科学技术推广和应用的同时,还可实现农业科技化、农业产业化,将区域农业打造成为产业增效和农民增收的支柱型产业。

3.1.1.2 村庄集体型分布式光伏并网

目前,农村人口密度低于城镇,且村级电站的建设规模普遍较小,更容易协调落实建设用地。此外,村级电站可作为扶贫模式,将电站所获部分收益补贴贫困户,其余由村集体获得,解决了贫困村无集体经济收入的问题。

（1）常用村级光伏电站系统配置见表 3－1。

表 3－1   常用村级光伏电站系统配置

容量 (kW)	组件	逆变器 (kW)	输出电流 (A)	交流电缆 (mm)	交流开关 (A)	额定输出交流电压 (V)
60	240 块 270W	60	87	35	100	230/400
70	264 块 270W	70	101	50	120	230/400
80	240 块 340W	80	116	50	160	230/400
160	480 块 340W	2×80	232	120	315	230/400
200	590 块 340W	2×70＋60	288	150	350	230/400
240	720 块 340W	3×80	348	2×70	400	230/400
300	890 块 340W	3×80＋60	433	2×120	500	230/400
400	120 块 340W	5×80	577	2×150	630	230/400

（2）村级光伏电站上网模式如图 3－2 所示。

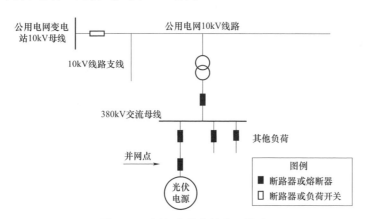

图 3－2 村级光伏电站上网模式

光伏逆变器交流侧额定输出电压为 400V,输出电压范围为 340～440V,接入 380V 线并网,接入配电箱,再接入 10kV 柱上变压器低压侧 380V 母线端。光伏电站系统建议接入村配电柜中并网,设置单计量表以便于计量售电量。

（3）经济性分析。根据目前的光伏政策,村级光伏电站采用"全额上网"的模式,以 80kW 村级光伏电站项目为例，分析其项目经济性如下：

设备成本为 80000×8=640000（元）=64 万元。

80kW 户用屋顶光伏发电系统每天可以发 320 kWh，一个月累计发电量为 320×30=9600（kWh）。

广东地区属于Ⅲ类电价区，标杆上网电价为 0.7 元/kWh。

投资月收益=9600×0.7=6720（元）。

年收益=6720×12=80640（元）。

（4）回收期。按照上述计算方式，该用户需要 7.9 年，也就是说该村在投资的第 8 年即可实现盈利。投资 20 年可盈利 104.83 万元。

（5）农村电网村级光伏的主要优势。

1）村级光伏电站占地小，出资少。村级光伏电站的总装机容量一般为 200～300kW，占地不到 10 亩，投资在 200 万元左右，属于小型项目，可通过当地政府整合涉农资金、东西协作资金和定点帮扶资金完成建设。

2）村级光伏电站可以解决当地村委没有收入，即"空壳村"的诸多问题。村级光伏电站产权归村、收益归户，是村集体的投资资产，年收益可在几万元。村集体收入提高后，可以增加村民投身乡村建设的积极性，提高村集体的凝聚力，有利于村集体的长远发展与建设。

3）村级光伏电站项目，有利于建设美丽乡村。一方面可以将发电收益直接变为农户的分红收益；另一方面可以充分利用电站土地，发展油用牡丹、食用菌、散养鸡特色种养项目，最大限度地提高"农光互补""渔光互补"效益。同时，发电的部分收益可用于乡村基础设施建设、产业发展、贫困户返贫扶持和为村集体提供发展资金，有利于乡村产业、文化、环境的建设，让光伏产业发展带动乡村经济，助推美丽乡村建设。

3.1.2 户用光储系统耦合方式设计

3.1.2.1 户用光储系统构成

一般的户用光储系统主要由光伏阵列、储能、逆变器、并离网开关和微电网控制器部分组成，如图 3-3 所示。此外，太阳能光伏发电系统中还包括一些电力电子配套设备，以及辅助设备，如汇流箱、交流配电柜等。

（1）光伏阵列。一般单体光伏电池的工作电压为 0.45～0.5V，工作电流为 20～25mA/cm^2，很难满足用户的用电需求，不能单独使用。根据用户负载要求，将一定数量的太阳能电池组件串并联装在支架上，构成光伏阵列。

（2）储能。包含储能电池和电池管理系统（BMS），其中储能电池主要是利用电池正负极的氧化还原反应进行充放电，由正极、负极、电解质、隔膜和容器 5 个主要部分组成；BMS 由电池组管理单元（BMU）、电池组串管理系统（BCU）和电池簇管理系统（BAU）组成。BMS 具有模拟信号高精度检测及上报，故障告警、上传和存储，电池保护，参数设置，被动均衡，电池组荷电状态（SOC）定标和与其他设备信息交互等功能。

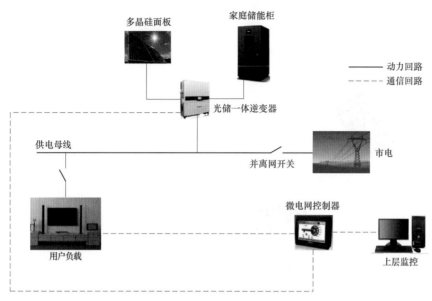

图 3-3　户用光储系统基本构成示意图

（3）逆变器。包含光伏逆变器、储能逆变器和光储一体逆变器，其中光伏逆变器又称为电源调整器、功率调节器，是光伏发电系统必不可少的一部分。光伏逆变器最主要的功能是把太阳能电池板所发的直流电转化成家电使用的交流电，太阳能电池板所发的电全部都要通过逆变器的处理才能对外输出。储能逆变器的主要功能和作用是实现交流电网电能与储能电池电能之间的能量双向传递，也是一种双向变流器，可以适配多种直流储能单元，如超级电容器组、蓄电池组、飞轮电池等。光储一体逆变器是一种应用于光伏、储能联合发电系统中实现直流/交流电能转换的设备，采用电力电子控制技术，可以协调控制光伏与储能电池的出力，平抑光伏电池的功率波动，并通过储能变流技术输出满足标准要求的交流电能向负载供电。

通过逆变器不仅可以快速、有效地实现平抑分布式发电系统随机电能或潮流的波动，提高电网对大规模可再生能源发电（风能、光伏）的接纳能力，且可以接受调度指令，吸纳或补充电网的峰谷电能，以及提供无功功率，以提高电网的供电质量和经济效益。在电网故障或停电时，其还具备独立组网供电功能，以提高负载的供电安全性。

（4）并离网开关。光储微电网公共母线通过并离网开关在公共耦合点与配电网进行连接，可以通过控制其开合状态，实现光储微电网的离并网运行。

（5）微电网控制器。该设备的功能应能够实现光储系统运行状态在线监测、控制参数远方修改、就地控制、保护等功能。

3.1.2.2　光伏与储能连接方式

户用光储系统根据光伏和储能耦合连接方式的不同，可以分为交流侧耦合方式和直流侧耦合方式，两者的接线模式和功能特点如下：

（1）交流侧耦合方式。光储系统交流侧通过光伏逆变器和储能逆变器与交流母线连接,光储系统交流侧耦合方式如图 3-4 所示。其中光伏阵列采用固定式安装在住宅屋顶,通过联络线路与储能系统共同接至 220V 户用配电柜的单相低压母线,单相低压母线通过离并网开关与大电网相连。

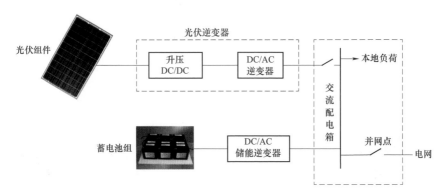

图 3-4　光储系统交流侧耦合方式

光储系统交流侧耦合方式的优点如下:

1)储能系统和光伏发电系统独立运行,当其中一个出现问题时,光伏发电系统或储能系统仍可以并网稳定运行;

2)可根据需要灵活配置储能系统和光伏发电系统容量;

3)对于已装光伏发电系统的用户,增加储能系统,不需要改造原有线路,简单方便,成本低。

光储系统交流侧耦合方式的缺点如下:

1)由于需要配置两套逆变器,初始投资较大且后期运维工作量大;

2)目前市面上小型的户用储能逆变器产品极少,技术的成熟度一般。

(2)直流侧耦合方式。光储系统直流侧耦合方式如图 3-5 所示。

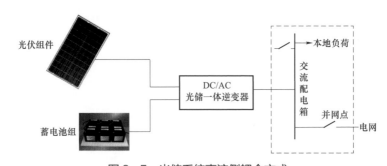

图 3-5　光储系统直流侧耦合方式

光储系统直流侧耦合方式的优点如下:

1)光储逆变器集成度较高,运维方便,投资较少;

2)直流侧耦合方式,储能容易被设计成为一个高度灵活、积木式的系统,便于用户未来增加规模;

3）整套装置占地面积较小，安装方便。

光储系统直流侧耦合方式的缺点：对于已经装了光伏发电系统的用户，若要安装直流侧耦合的光储系统，则可能造成原光伏逆变器被弃用的问题。

考虑到直流侧耦合的光储系统具有初始投资小、运维升级方便的特点，因此该方式是后面试点工程中的户用光储系统的设计方向。

3.1.3　户用光储系统主要功能设计

考虑到农村电网的运行特点，对于农村电网中的户用光储系统，其主要功能需兼顾用户和电网需求，其功能主要包括自发自用功能、电压支撑功能、需求响应功能、离网运行功能和黑启动功能。

1. 自发自用功能

在光储微电网系统中，光伏发电系统给负荷供电，富余电力给电池充电；光伏发电系统供电不足时，储能系统给负荷放电。

（1）白天光伏能量充足且用电高峰时段：光伏发电系统以最大功率发电，满足负荷使用的同时向储能系统充电，并向电网馈电，如图 3-6 中箭头线所示。

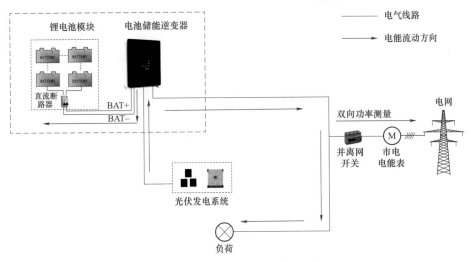

图 3-6　自发自用功能（白天）

（2）夜晚没有光伏能量时段：储能系统为负荷供电，若供电能量不足，则可由电网补充供电，如图 3-7 中箭头线所示。

2. 电压支撑功能

当并网点电压低于设定值时，储能系统以指定功率向负荷和电网放电，支撑并网点电压，提高电网电压水平，如图 3-8 箭头线所示。

3. 需求响应功能

根据电网需求确定储能系统的充放电时段和相应的充放电功率，减轻负荷高峰期的

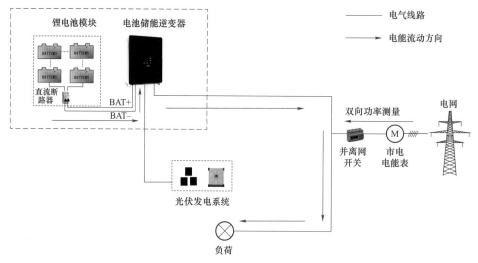

图3-7 自发自用功能（晚间）

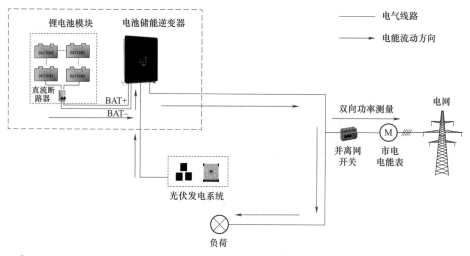

图3-8 电压支撑功能

供电负担和负荷低谷光伏高发电时期的光伏消纳问题，从而实现削峰填谷、提高设备利用率的目的。

4. 离网运行功能

当电网因故障断电或出现电压频率过低/过高的情况时，并离网开关断开实现离并网切换，光储系统带负荷离网运行，此时光储逆变器出口作为平衡节点，响应负荷波动，保证微电网内负荷稳定供电，如图3-9所示。

当电网调峰需求调度时，储能系统或光伏发电系统根据调度需求，给电网供电。

5. 黑启动功能

当电网停电时间过长时，用户光储微电网中的储能电池达到容量下限值，储能系统进入待机状态，微电网内部断电，整个系统进入全黑状态，若此时电网侧来电，则储能系统可利用残余电量实现自动启后并网运行。

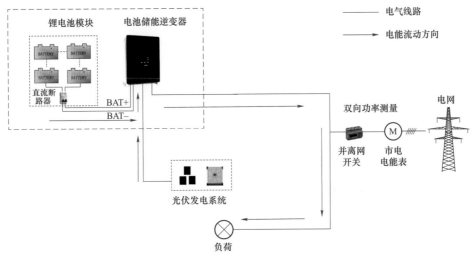

图 3-9　离网运行功能

3.2　低压配电网联络方案设计

低压配电网是配电网联系用户的最后环节，配电网的运行水平也将直接影响用户的供电质量。而低压配电网的网络结构复杂，线路分支多，且配电设备数量相对较少、水平落后，这对保证用户的供电可靠性、配电网的智能化运行产生了阻碍，制约了所辖台区内的经济发展。为提高台区的供电可靠性与保护的选择性，本节将对低压配电网联络方案进行研究。

3.2.1　低压配电网的结构及特点

低压配电系统的接线方式与中高压配电系统基本相同。低压配电网接线方式主要有两种，如图 3-10 所示。

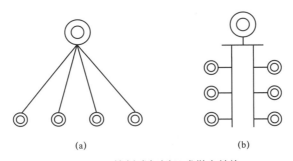

(a)　　　　　　　　　　(b)

图 3-10　放射式与树干式供电结构

（a）放射式；（b）树干式

（1）放射式。其形式是从配电变压器低压侧引出若干条主干线，接至主配电箱，再以支干线引到分配电箱或用电设备上。其特点是从配电变压器低压侧引出若干条支线，分别直接向各用电点供电,不会因为其中某一支线发生故障而影响其他支线的供电。该方式供电可靠性高、导线用量大、费用高,适用于用电比较分散、每个节点的用电量较大、配电变压器又居于负荷中心的情况。

(2)树干式。其特点是从配电变压器低压侧引出若干条干线,沿干线再引出若干条支线给各用户供电。一旦某条干线出现故障或需要检修时,停电面积大,供电的可靠性差;但配电导线的用量小,投资费用低,接线灵活性强。树干式适合于用电点比较集中、多个用电点居于配电变压器同一侧的情况,农村低压台区大多采用此类供电方式。

3.2.2 低压配电网常用开关设备

低压配电网中所用的开关设备通常装设在户外架空线路上,具有控制、保护和隔离电源等功能,主要包括断路器、负荷开关、隔离开关、熔断器、自动重合器、分段器等。习惯上还应包括各种配套的控制和测量设备,与低压智能终端(FTU)配合使用后可以实现复杂的功能。

(1)组成智能化配电开关,实现线路的故障定位、隔离和自动恢复供电等功能,减少停电范围,提高供电可靠性;

(2)可以与主站或子站通信,传递线路中的电流、电压和开关状态等工况信息,实现遥控、遥信、遥测、遥调功能,以及低压配电网的故障处理自动化功能;

(3)具有事件记录功能,可对线路进行自检,记录停电事件,便于工作人员在远方进行故障统计和召唤保护整定定值。

1. 断路器与自动重合器

断路器是指能够关合、承载和开断正常回路条件下的电流,并能关合、在规定的时间内承载和开断异常回路条件下的电流的开关装置。断路器可用来分配电能,不频繁地启动异步电动机,对电源线路及电动机等实行保护,当发生严重的过负荷或者短路及欠压等故障时能自动切断电路,其功能相当于熔断器式开关与过欠热继电器的组合。

自动重合器是一种自具控制及保护功能的开关设备,能够按照预先设定的开断与重合顺序在配电线路中自动进行开断和重合操作,并在其后可实现自动复位和闭锁。因在架空线中存在比例较大的瞬时性故障,所以只要在瞬时断电过程中留有足够排除故障的时间,当电源再次接通时便可正常供电。据统计表明,自动重合器的故障重合供电成功率可达60%以上,有效减少了瞬时性故障发展成永久性故障的情况,极大地保证了供电的可靠性。

自动重合器与断路器的差异在于:自动重合器实际上是具有多次重合闸功能和自具功能的断路器。一般断路器只具有一次重合闸功能,而自动重合器可多次,能更有效排除瞬时性故障并进行故障判别。不同于断路器,自动重合器的自具功能体现在本身具备故障电流检测和保护、操作顺序控制与执行功能,无须附加提供操作电源与加装继电保护装置。自动重合器带有微控制器,能按预先装载的程序指令执行相应动作,智能化程度远高于断路器。

自动重合器工作原理如图3-11所示。发生故障时,主回路上的电流互感器检测到故障电流并送入微控制器，微控制器对电流进行处理和识别，若判定此电流大于预先整定值，则控制电路便按预先整定的动作程序向操动机构发出指令进行分、合闸操作。每次完成重合闸动作后，微控制器持续检测故障信号，若故障已经消除（即瞬时性故障），则微控制器将不再下发分闸命令，直至复位；若故障持续存在（即永久性故障），则微控制器将继续按程序进行动作，直至动作程序后闭锁。

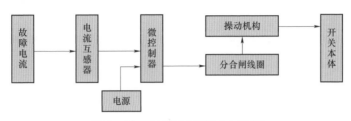

图 3-11　自动重合器工作原理图

2. 负荷开关与分段器

负荷开关是介于隔离开关和断路器之间的一种开关电器，主要用于线路的分段和故障隔离。负荷开关带有简单的灭弧装置，且能通断、承载一定的负荷电流和过负荷电流，但不能断开短路电流。若要切除短路电流，则必须与熔断器串联使用。

分段器是一种带有自具功能的负荷开关，具有记忆、识别功能，是配电系统中用来隔离故障区段的自动保护开关。与负荷开关不同，分段器在微处理器下可按照预先设定程序自动分段线路，但须与作为前级开关的自动重合器或断路器配合使用。

分段器的具体用法如下：发生永久性故障时，分段器在预定程序或分合闸操作后闭锁于分闸状态以隔离故障区段，最后由自动重合器或断路器恢复对台区其他部分供电，使故障停电范围减小。当发生瞬时性故障或故障已被其他设备切除而未达到分段器预设分合次数时，分段器将保持在合闸状态，以保证线路的正常供电。

3.2.3　低压配电网开关配置方案

低压配电网的建设远落后于其他配电网，本节考虑低压配电网存在的研究难点，研究台区中分段开关、联络开关的配置问题，目的是提高低压配电网的自动化程度，进一步实现故障隔离和转供电，提高低压配电网的供电可靠性。

3.2.3.1　分段开关配置

分段开关的配置包括开关数量、位置及容量的确定，在满足可靠性要求的条件下，达到综合费用最优的目标。对分段开关进行建模，要充分考虑现有低压台区所能获取的数据匮乏、台区故障类型及发生情况尚无统计等问题，以台区不同位置发生故障概率相同为前提假设，在现有断路器等基础上等分分配台区负荷，确定分段开关数量与位置。分段开关配置的优化模型如下：

1. 开关投资费用 F_S

开关投资费用即开关个数与单价的乘积，其中忽略开关装设费用。因开关有寿命年限，所以需要将开关投资现值折算成等年值，以便于后面目标函数的归算。具体开关投资费用 F_S 计算如下：

$$F_S = N_S \cdot C_S \frac{(1+i)^p \cdot i}{(1+i)^p - i} \tag{3-1}$$

式中：N_S 为分段开关个数；C_S 为分段开关单价；i 为贴现率；p 为寿命年限。

2. 运行维护费用 F_m

运行维护费用表示每年额外维护分段开关所支出的费用，按开关投资等年值折算。运行维护费用 F_m 具体计算如下：

$$F_m = \mu \cdot F_S \tag{3-2}$$

式中：μ 为维护费率。

3. 隔离故障损失费用 F_{loss}

该指标表示在台区故障概率相同的条件下，因故障发生而切除故障区域所合计的最小负荷，并将负荷折算成费用损失。考虑将分段开关按等负荷容量布置，具体计算如下：

$$F_{loss} = \frac{\alpha \cdot k \cdot t}{N_S + 1} \left(\sum_{i=1} M_i \cdot L_i \right) \tag{3-3}$$

$$k \cdot t = \sum_{j=1} T_j \tag{3-4}$$

式中：α 为单位电量收益系数；t 为检修复电所需时间；L_i 表示 i 型线径线路长度；M_i 为 i 型线径单位线均负荷系数；k 为年均故障次数；T_j 为第 j 次台区故障停电时间。

综合上述指标，分段开关配置的优化目标函数为

$$F = \min(F_S + F_m + F_{loss}) \tag{3-5}$$

约束条件：$\qquad\qquad N \geq 0; \quad I_{FN} \geq I_{max}$

式中：I_{FN} 为分段开关额定容量，用电流表示，容量大小影响开关价格；I_{max} 为分段开关所在干线位置的最大电流。

分段开关在台区现有一次设备的基础上沿干线配置，因此主要的约束条件体现在开关容量方面。约束条件表明开关容量要大于干线最大电流。

3.2.3.2 联络开关配置

在低压配电网中，联络开关的配置问题主要考虑开关联络位置的选择与联络设备的容量大小。为便于说明台区的联络关系，将进行联络开关配置的台区称为目标台区，而为目标台区进行转供电的台区称为联络台区，目标台区也可作为联络台区，即台区间联络。联络开关通过联络线路将两类台区进行电气连接，因此联络位置主要由目标台区、联络台区的联络点确定。下面从可靠性、可行性、经济性三方面选取对应指标进行分析，在优化模型给出的分段开关配置上，通过设置组合权重的方法建立联络开关的评价模型。

1. 故障停电负荷量 X_1

该指标在分段开关安装位置的基础上，充分考虑故障发生地点及发生的概率，当故障发生且联络开关动作实现转供电后，记及此时目标台区出现的最小负荷损失。该指标主要反映联络开关对各种故障的应对能力，故障停电负荷量越小，表明故障应对能力越强。其计算公式为

$$X_1 = \sum_{i=1}^{n}\left[P(F_i) \cdot \sum_{j=1}^{m} L_{ij} \cdot M_j \right] \tag{3-6}$$

式中：n 为目标台区故障数量；m 为线径类型数量；L_{ij} 为 i 类型故障下 j 型线径线路长度；F_i 表示 i 类型故障；$P(F_i)$ 为 F_i 故障发生的概率。

2. 末端电压偏移度 X_2

该指标表示经联络开关动作且将目标台区非故障区域转移到联络台区后，被转移的负荷因联络位置不同而使联络台区末端负荷电压相较于额定电压偏移的程度。该指标可在电压层面反映联络台区受被转移负荷影响的大小，末端电压偏移度越小，表明联络台区受转移负荷的接入影响越小。其计算公式为

$$X_2 = \frac{\sum_{i=1}^{n}\left\{ S(F_i) \cdot [U_{\min}(F_i) - U_N]^2 \right\}}{\sum_{i=1}^{n} S(F_i)} \tag{3-7}$$

式中：$S(F_i)$ 表示 F_i 故障下联络开关的状态位，$S(F_i)=1$ 时联络开关闭合，$S(F_i)=0$ 时联络开关断开；$U_{\min}(F_i)$ 为联络台区在 F_i 故障下且成功转供电时的最小电压；U_N 为联络台区的额定电压。

3. 联络设备投资费用 X_3

为保证目标台区非故障区域恢复供电，需要考虑新建的联络开关和联络线路产生的投资成本。该指标表示投资成本经折算后的等年值，反映开关位置选取与联络设备投资间的关系。其计算公式为

$$X_3 = \left(\sum_{j=1} P_j \cdot l_j + N_{S1} \cdot C_{S1} \right)\frac{(1+i)^p \cdot i}{(1+i)^p - i} \tag{3-8}$$

式中：l_j 为新建 j 型线径联络线的长度；P_j 为 j 型线径联络线的单价；C_{S1} 为联络开关的单价；N_{S1} 为联络开关的个数。

联络开关评价模型主要通过给评价指标设置对应的权重，综合考虑各指标对联络位置的影响，最终确定联络开关的最佳配置。一般在赋权方面采用组合赋权的方式，即主观赋权与客观赋权相结合，来对目标台区、联络台区上的联络点进行综合评价，充分考虑了专家经验与数据两方面发挥的互补作用。其中，主观赋权采用 G2 法，客观赋权采用熵权法，经相应的组合算法获得综合权重向量 W，该向量与指标数据矩阵 X 一同构成联络位置的评价函数，联络开关位置评价模型建立过程如图 3-12 所示。

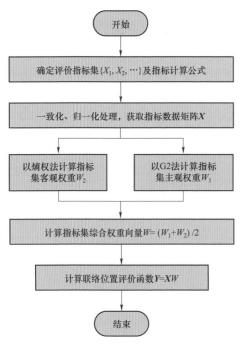

图 3-12 联络开关位置评价模型建立过程

3.2.3.3 设备容量选择

设备容量包括联络台区的配电变压器裕度、开关的额定容量及联络线路的容量，容量的确定影响目标台区能否通过联络正常恢复非故障区域供电，使联络台区能完全消纳被转供的负荷大小。下面将通过几个指标进行简单分析。

1. 联络台区配电变压器容量

联络台区配电变压器容量的大小关系到是否能完全消纳被转供的负荷，否则会造成配电变压器长时间超负荷运行，导致运行效率降低、温度上升，加快配电变压器内部的绝缘老化，严重时烧毁变压器。因此采用联络台区配电变压器的容载比 R 表示配电变压器的裕度，具体计算如下：

$$R = \frac{S_N}{S_{L\max} + S_t} > R_0 \qquad (3-9)$$

式中：S_N 为联络台区配电变压器的额定容量；$S_{L\max}$ 为联络台区最大负荷容量；S_t 为被转供负荷容量；R_0 为联络台区配电变压器容载比的最小值，一般取 1.8～2.2。

正常情况下，配电变压器允许有适当的超载能力，即 $S_{L\max} + S_t > S_N$，但要严格低于超载允许的倍数、持续时间和温升，如高过负荷能力配电变压器可超载 1.5 倍额定容量运行，持续时间为 6h。

2. 开关容量

开关包括位于目标台区的分段开关与实现转供电的联络开关，其容量大小可以用电流表示。开关额定电流 I_N 具体计算如下：

$$I_N = \frac{K_t S_N}{\sqrt{3} U_L} \qquad (3-10)$$

式中：K_t 为开关裕度系数，取 1.1～1.3；U_L 为配电变压器低压侧的额定电压。

为保证经济性，联络开关容量的选取可按实际转供范围对应的负荷量确定，但最大容量可按开关额定电流选取。分段开关容量选取规则与联络开关基本相同。

3. 联络线路容量

联络线路容量主要考虑不同线径的最大允许载流量。载流量大小可按联络开关额定电流选取，参考从联络台区配电变压器到联络线路之间的线径大小后，可作适当调整。

3.2.3.4 决策变量空间

通过决策变量空间可选择具体的联络开关评价方案，决策变量设置规则如下：

（1）选择连接组 jk。在目标台区和联络台区干线上分别选择联络点并进行标记，目标台区联络点从距离配电变压器由近及远依次标记为 $1 \sim n_1$，联络台区联络点依次标记为 $1 \sim n_2$，分别在目标台区与联络台区中选择联络点 i、k，形成连接组 ik，$k \in [1, n_2]$。对于联络台区的同一联络点 k，目标台区联络点 i 距离联络点 k 最短，最终可形成连接组 $jk, j \in [i, n_1]$。因为当 $j \in [1, i]$ 时，连接组 jk 在故障停电负荷、末端电压偏移和投资成本方面均大于连接组 ji，考虑连接组 jk 会增加计算时间，因此不再考虑。

（2）选择联络开关容量 I_{LN}。开关容量大小的选取会进一步影响投资成本，根据不同连接组确定合理的开关容量 I_{LN}，保证有足够联络裕度的同时还可以缩减成本，$I_{LN} = I_N$，具体计算公式见式（3-10）。

3.2.4 开关配置算例分析

某供电区域以 5m 宽的主干道为界，由两台容量均为 630kVA 的配电变压器分别供电，台区线路示意如图 3-13 所示，对应的参数见表 3-2。图中红色、黑色数字分别表示干线、支线的距离，同时设置了四种故障类型，标记为 F。

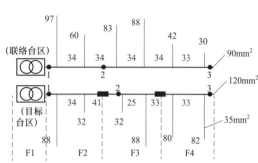

图 3-13 台区线路示意图

表 3-2 算 例 模 型 参 数

名称	符号	单位	数值
分段开关单价	C_S	元/个	2000
联络开关单价	C_{S1}	元/个	2500
240mm² 线径联络线单价	P_1	元/m	500
贴现率	i	—	0.1
寿命年限	p	年	15
维护费率	μ	—	0.03
单位电量收益系数	α	元/kWh	0.37
检修复电所需时间	t	h	4
i 型线径线路长度	L_i	m	402
i 型线径单位线均负荷系数	M_i	kW/m	0.5
年均故障次数	k	次/年	8

通过分段开关的优化建模获得的结果如图 3-14 所示。

由图 3-14 分析可知，当目标台区的分段开关数量 $N_S = 2$ 时，可使损失费用达到最低，在考虑对目标台区负荷等分配置后，分段开关安装位置如图 3-13 所示。同时从图 3-14 可以看出，开关配置前，即 $N_S = 0$ 时，损失费用约为 2380 元，开关配置后，下降至 1300 元，分段开关配置后的效益提升了 45.37%。

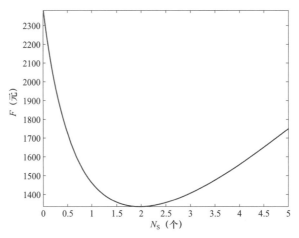

图3-14 分段开关优化模型求解结果

在目标台区与联络台区中确定联络点后，建立联络开关评价模型，获得每个方案的决策变量矩阵 X、权重向量 W 和评估结果 Y，见表3-3和表3-4。

表3-3 不同方案指标（归一化）与评估结果

序号	决策变量		评价指标			评估结果	约束条件	
	连接组	I_{LN}（A）	X_1	X_2	X_3	Y	R_S（%）	R
1	11	400	1.00	0.01	0.00	0.28	99.81	1.41
2	21	400	0.36	0.00	0.47	0.30	99.87	1.53
3	31	400	0.00	0.31	1.00	0.51	99.91	1.66
4	22	400	0.36	0.43	0.09	0.27	99.87	1.53
5	32	400	0.00	0.82	0.62	0.51	99.91	1.66
6	33	400	0.00	1.00	0.00	0.30	99.87	1.66

表3-4 主、客观权重与综合权重

权重	W_1	W_2	W
X_1	0.5	0.6	0.55
X_2	0.166	0.12	0.14
X_3	0.334	0.28	0.31

根据图3-15和表3-3、表3-4，综合考虑故障负荷损失、电压偏移程度与投资费用后，联络开关在方案4时，评估结果最优，$Y=0.27$。同时针对该算例有如下结论：

（1）分析指标与联络位置选取的关系，为保证故障停电范围小，目标台区的联络点要尽可能设置在中下游，部分原因在于在非配电变压器故障的情况下，目标台区的上游负荷可继续从配电变压器接受电能；

（2）被转供负荷在接入联络台区后，为使末端电压不至于偏低，实际电压与额定电压整体偏差不大，联络台区上的联络点应位于台区中上游；

（3）仅考虑单台联络开关，可以看出投资费用与新建联络线路密切相关，当线路过长时，应尽可能考虑在已建线路上进行联络，以降低成本。

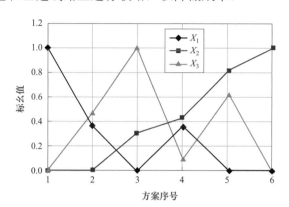

图 3-15　各指标在不同联络位置关系

图 3-16 中，1～6 表示联络类型，7 表示台区正常承接同等被转供负荷大小的类型。由图 3-16 分析可知，经联络开关流过的电流与被转供的负荷量大小密切相关，因此确定联络设备的容量，可通过被转移的负荷水平或目标台区整体负荷水平获得。

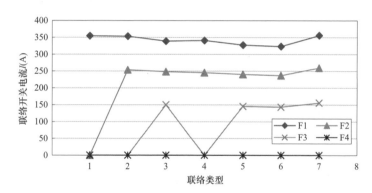

图 3-16　不同联络类型对应开关容量

综上开关配置前后对比分析：开关配置前，即 $N_S=0$ 时，目标台区年均停电损失费用约为 2380 元，平均供电可靠率为 99.63%；开关配置后，选取可靠率 R_S 最小的开关配置方案作为对比，方案的年均投资费用为 2282 元，可靠率可上升至 99.81%。可靠性提升的效果变化不明显，原因在于可靠性评价指标计算值较大，一般均可达到 95% 以上，且对故障停电时间不敏感。若选取故障率较高的台区，且基于原有网架新建联络线，则可靠性和经济效益均会有明显提升。

3.3　低电压治理方案设计

农村低压配电网的低电压问题较为突出，主要原因在于低压配电网的结构多以农村架空线路为主，供电导线截面较小，多数采用单辐射的接线方式，导致供电半径大，线路末端电压偏低。随着美丽乡村的深入推进，用户对电能质量的需求、实现农村台区智能化的愿景显著增强，因此深入研究配电网台区低电压问题，提出行之有效的解决方案，成为当前电压治理工作的重点。

3.3.1 治理手段研究及设备介绍

1. 农村台区存在的问题

（1）各供电所管辖区域出现低电压问题的台区比较分散，且低电压主要成因为线路截面积小及残旧老化，配电网网架有待改造加强。

（2）用户电压数据监测及管理尚不完善，对于部分台区反映的电压问题无法通过系统途径进行辨认，需运维人员进行现场监测，增加了运维人员的工作负担，延长了低电压问题立案解决时间，低电压治理效率及用户用电满意度存在一定的提升空间。

（3）无功补偿装置配置容量不足，大部分台区无无功补偿装置，或是存在的无功补偿设备为基于本地信息的自动投切，缺乏协作配合，使配电网无功电压调节能力存在局限。

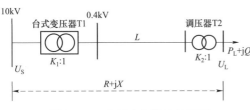

图 3-17　台区电气连接关系图

2. 低压配电网电压治理手段

低压配电网以台区作为基本单元组成，从配电变压器高压侧至台区线路末端可建立如图 3-17 所示的电气连接关系，依据该电路模型可推导出相应关系式，定性分析影响末端电压 U_L 的因素。

$$U_L = (U_S - \Delta U) \cdot \frac{1}{K_2}$$
$$= \left(U_S \cdot \frac{1}{K_1} - \frac{Q_L X + P_L R}{U_N} \right) \cdot \frac{1}{K_2} \qquad (3-11)$$

式（3-11）表明了台区的负荷电压与台区配电变压器高压侧、变压器变比、线路阻抗、低压配电网功率分布有关。与高压输电线路不同，在低压配电网中，线路的电阻与电抗相差不大，因此不仅仅是无功功率，线路输送的有功功率也会在一定程度上影响配电网的电压分布。根据公式及影响因素，可获得如下电压治理方法：

（1）调整 K_1，如采用有载调压变压器；

（2）改变 X、R，如增大线路线径；

（3）改变 Q_L、P_L，如改变台区负荷功率分布；

（4）调整 K_2，如采用线路调压器。

3. 调压设备具体介绍

传统的配电网多为无源辐射型电网结构，功率单向流动，其电压调控大多从平衡无功的角度出发，通过电容器等传统无功补偿设备的投切来实现电压调节，因配电变压器基本不能实现在线调压，故不常采用调节变比的方式。随着光伏等 DG 逐渐接入配电网，配电网变成多端供电的网络，其电压分布机理和调控手段更为复杂多样，不仅可以从无功平衡的角度进行优化调压，还可以考虑从有功功率的角度进行电压的调整。在智能化台区建设中，也可引入智能化终端、设备进行调压，如采用带智能控制的有载调压配电变压器，使电压治理方案朝自动化、智能化方向发展。

目前配电网常规电压调控设备按调整方式有如下分类：

（1）按调节变比方式分类。

1）有载调压变压器。有载调压变压器（OLTC）能够通过在不断电、带负荷的条件下改变分接头来调整二次侧电压，且调压速度较快，范围较广。OLTC 比较容易操控和设计，通常由自动电压控制（AVC）继电器控制调整其变比，根据电网负荷的变化或运行的需要来调整变压器二次侧电压，使其维持在设定的运行范围内。

2）调压器。调压器可以按要求自动调节系统电压，保证电压偏差在国家标准允许的范围内，可双向、快速、频繁地调整电压，目前较多地应用于低压配电网线路电压的调节。

针对半径过长的台区，调压器使用场景如下：

（a）首先向附近可供负荷转移的公用变压器点转移部分低压负荷，缩短低压供电半径；

（b）若附近没有可供负荷转移的公用变压器点，则优先新增公用变压器点，缩短低压供电半径；

（c）若受低电压影响用户数少于 10 户，短期内负荷增长有限，则可以加装低压调压器。低压调压器按变压器类型分，可分为自耦变压器和隔离变压器。

a）自耦变压器。低压调压器由自耦变压器和接触器组成，自耦变压器变比可根据需要定制，根据调压原理（如图 3-18 所示），二次侧输出电压 $U_2 = U_1 \times W_2 / W_1$，从而实现升压。另外当线路电压正常时，调压器被接触器 KM1 旁路，退出运行；线路电压偏低时，接触器 KM1 断开，KM2 和 KM3 关合，投入调压器，抬升电压，其投切原理如图 3-19所示。

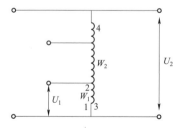

图 3-18　单向调压器调压原理图（自耦变压器）

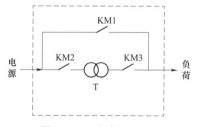

图 3-19　投切原理图

b）隔离变压器。低压调压器由干式隔离变压器、复合开关组成。其调压原理如图 3-20 所示，该装置串联接入 0.4kV 台区线路，当线路电压偏低时，K2 导通，变压器输出电压与电源同极性，通过电压叠加提升用户端电压，此时输出电压为 $U_{ao} = U_{ai} + \Delta U$，即装置升压。当采集的线路电压合格时，K2 断开，装置处于旁路状态，此时输出电压为 $U_{ao} = U_{ai}$，即装置不升压。

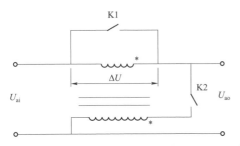

图 3-20 单向调压器调压原理图（隔离变压器）

（2）按调节无功功率分布分类。

1）电力电容器。在电网负荷较重时，线路节点电压会明显下降，可考虑采用电力电容器发出无功功率来提高电压。在 DG 渗透率过高且系统轻载运行时，系统节点可能出现过电压，而静电电容器无法吸收感性无功功率，因此一般无法用于解决过电压问题。通常来看，线路重载使系统电压下降严重，为了保障电压质量和正常用电，可考虑适当补充容性无功功率甚至将电容器容量全部投入，相反在轻载期为了避免电压过高需考虑退出所有并联电容器。

2）配电网静止同步补偿器。配电网静止同步补偿器（D-STATCOM）本质上是一个自换相的电压源型三相全桥逆变器，利用高压大功率的门极可关断晶闸管（GTO）构成可控的电压源或电流源，通过控制该电压或电流的幅值和相位可以改变其向电网输送的无功功率大小，从而调节系统电压。D-STATCOM 是近些年逐渐兴起的一种动态无功补偿设备，其作用是快速响应电网运行需要，能够平滑连续地补偿平衡无功负荷，其工作时能有稳定的输出，不受电网干扰和节点电压的影响，随着其成本的不断下降，在配电网中的应用越来越得到重视。

3）静止无功补偿器。静止无功补偿器（SVC）由静止电容器和电抗器并联组成，由于其结合了双方的无功功率调节特性，因此具备无功功率双向调节的特性。参与静止补偿的部件主要有饱和电抗器、固定电容器、晶闸管控制电抗器（TCR）和晶闸管控制电容器（TSC），目前应用的 SVC 大部分是由上述部件组成的混合型 SVC。电压变化时，SVC 能快速、平滑地调节无功功率，以满足动态无功补偿的需要，且其响应时间较短，对冲击负荷有较强的适应性，TCR 型和 TSC 型 SVC 还可以进行分相补偿以适应不平衡的负荷变化。

（3）其他方式。

1）DG 出力调节。在 DG 大规模接入配电网的情形下，调动具有无功调节能力的 DG 参与电压调控，也是配电网电压控制的一种重要手段。通过控制 DG 输出功率的功率因数进相度或迟相度可以改变并网点附近的无功平衡情况，从而调节线路上的电压降，改善配电线路的电压水平。对于逆变型 DG，可以通过控制逆变器的开关管来调节输出的无功功率；对于旋转型 DG，可以通过调节励磁电流来调节输出的无功功率。

2）储能装置。储能被视为现代电网运行过程"采-发-输-配-用-储"六大环节中的重要组成部分，储能技术在很大程度上解决了 DG 发电的间歇性、波动性问题，可以实现 DG 的平滑输出，并且能有效地调节由 DG 发电引起的电网电压、频率及相位变化问题。

3.3.2　电压治理手段效果分析

在中高压电网的电压治理过程中，常采用的有效方式是无功补偿，这一点与中高压电网的线路阻抗、负荷集中的特性有关，但低压配电却不尽如此。在众多的电压治理手段中，若要对低压配电网的电压问题进行精准治理，首先应深入研究低电压产生机理，并找出影响电压的主要因素，针对"主要矛盾"进行治理才能显著地提高治理成效。因此，本节基于配电网及设备的数学模型，研究低电压问题的产生机理和主要影响因素，并对比低电压治理技术手段的效果，为低电压的综合治理提供指导方案。

3.3.2.1　基本手段治理分析

低压配电网电压治理的基本（常规）手段包括改变网架结构、减小供电半径、增大导线截面积、扩大配电变压器容量，主要治理措施分析如下。

1. 机理分析

对于一定长度的线路，输送电流（功率）越大，电压损耗越大。根据电压损耗计算公式，线路上的电压损耗如下：

$$
\begin{aligned}
U_2 &= U_1 - \Delta U = U_1 - \frac{PR + QX}{U_1} \\
&\Leftrightarrow U_1 - \frac{\sqrt{3}U_1 I \cos\theta R + \sqrt{3}U_1 I \sin\theta X}{U_1} \\
&\Leftrightarrow U_1 - \sqrt{3}I\cos\theta R - \sqrt{3}I\sin\theta X \\
&\Leftrightarrow U_1 - \sqrt{3}IL(\cos\theta r + \sin\theta x)
\end{aligned}
\tag{3-12}
$$

记 $\lambda = \cos\theta r + \sin\theta x$ 为导线截面积–功率因数因子，取基准电压为 0.38kV，基准电流为额定载流量，对式（3-12）进行标幺化，则有

$$
\begin{aligned}
&U_1 - \sqrt{3}IL(\cos\theta r + \sin\theta x) \\
&\Leftrightarrow U_1^* - L\beta(\cos\theta r^* + \sin\theta x^*)
\end{aligned}
\tag{3-13}
$$

$$
\begin{cases}
\left|\dfrac{\partial U_2'^*}{\partial U_1^*}\right| = 1 \\[2mm]
\left|\dfrac{\partial U_2'^*}{\partial L}\right| = \beta(\cos\theta r^* + \sin\theta x^*) \\[2mm]
\left|\dfrac{\partial U_2'^*}{\partial \beta}\right| = L(\cos\theta r^* + \sin\theta x^*)
\end{cases}
\tag{3-14}
$$

通过式（3-14）可以看出，线路首端电压对末端电压影响最大；在截面积一定的情况下，线路长度和线路电流的影响相当。

2. 效果分析

（1）增大导线截面积。低压配电网常用的低压线主要是架空绝缘铝线（BLV），相比于 10kV 中压等级所用的钢芯铝绞线，BLV 由于线间架设距离小，因此单位长度电抗

大幅度减小。不同截面积 BLV 导线线路阻抗和载流量参数见表 3-5。

表 3-5　　　　　　　　　不同截面积 BLV 导线线路阻抗和载流量参数

截面积（mm²）	电阻（Ω/km）	电抗（Ω/km）	载流量（A）
25	1.380	0.300	119
35	0.950	0.290	150
50	0.650	0.278	189
70	0.460	0.268	233
95	0.330	0.258	286
120	0.270	0.251	330
150	0.210	0.244	387
185	0.170	0.237	440
240	0.132	0.229	536

计算每 100m 不同截面积 BLV 导线流过不同大小的电流产生的电压损耗，如图 3-21 所示，可以看出：

1）95mm² 以上导线载流量限值下的电压损耗相当，在 4.2%~4.5% 之间。

2）95mm² 以上导线，由于电阻和电抗变化趋势减小，同样电流下引起的电压损耗差减小。例如，在 200A 情况下，BLV-120 和 BLV-185 单位长度的损耗仅相差 0.8%。

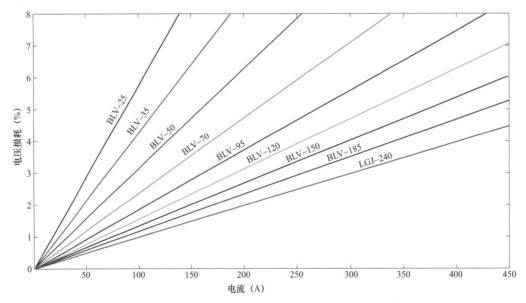

图 3-21　每 100m 不同截面积 BLV 导线电压损耗随电流的变化

增大导线截面积的作用在于降低截面积-功率因数因子，可减少电压损耗。在负载电流保持不变的情况下，导线截面积提高 2 个和 3 个等级，电压损耗变化情况见表 3-6，可以看出，增大导线截面积对电压损耗的减少有明显效果。

表 3-6　　　　　　　　　　　增大导线截面积对电压损耗的影响

改造前（mm²）	提高 2 个等级		提高 3 个等级	
	改造后（mm²）	电压损耗下降率（%）	改造后（mm²）	电压损耗下降率（%）
25	50	47	70	59
35	70	43	95	55
50	95	39	120	47
70	120	31	150	41
95	150	25	185	34
120	185	24	240	34
150	240	23	—	—

（2）新建低压线路割接负荷。新建低压线路割接负荷主要是减小线路负载电流，从而达到减少电压损耗的目的。根据电压损耗计算公式，割接负荷后电压损耗变化情况如下：

$$du = I_1 L_1 (\cos\theta r + \sin\theta x) - I_2 L_2 (\cos\theta r + \sin\theta x) \qquad (3-15)$$

常见的负荷均沿主干线分布，新建低压线路割接负荷如图 3-22 所示。主干线负载率高，导线截面积在 95mm² 以上，增大导线截面积对改善电压效果不明显，因此可与原来的线路平行架设新的线路，割接原线路上一半的负载。改造后，根据式（3-15），电压损耗可减少约 50%。但是，割接负荷除了对经济性产生影响，还对改造前末端电压有限制。如果改造前台区首端电压标幺值为 1，则改造前末端电压标幺值不能低于 0.84，即

$$\begin{cases} 0.5(U_0^* - U_1^*) \leqslant 0.08 + (U_0^* - 1) \\ \Leftrightarrow U_1^* \geqslant 1.84 - U_0^* \end{cases} \qquad (3-16)$$

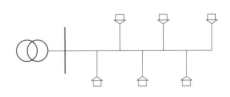
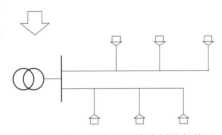

图 3-22　新建低压线路割接负荷

（3）配电变压器扩容。配电变压器扩容主要采取"小换大"或新增加变压器并列运行等方式。一般来说，配电变压器扩容后的负载率为原来负载率的一半。根据电压损耗计算公式，假如配电变压器扩容前负载率为 100%，则扩容后负载率为 50%，扩容后电压提升约 2%，因此传统的配电变压器扩容对改善电压的效果不是很明显。

适用范围：配电变压器存在重过载情况，低压侧电压标幺值不小于 0.98，电压稍微低于标准值。

3.3.2.2　变压器调节治理分析

根据配电变压器模型，影响台区首端电压的因素包括 10kV 侧电压、配电变压器负载率、功率因数、配电变压器挡位等。根据配电变压器的电路模型和电压损耗计算公式，

配电变压器二次侧电压的推导如下：

$$
\begin{cases}
U_2' = U_1 - \dfrac{P_2 R_{\mathrm{T}} + Q_2 X_{\mathrm{T}}}{U_2'} \\
\Leftrightarrow U_1 - \dfrac{\sqrt{3}U_2' I_2' \cos\theta R_{\mathrm{T}} + \sqrt{3}U_2' I_2' \sin\theta X_{\mathrm{T}}}{U_2'} \\
\Leftrightarrow U_1 - \sqrt{3} I_2'(\cos\theta R_{\mathrm{T}} + \sin\theta X_{\mathrm{T}}) \\
\Leftrightarrow U_1 - \sqrt{3} I_2' Z_{\mathrm{T}} \cos(\alpha - \theta) \\
\Leftrightarrow U_1 - \sqrt{3}\beta I_{\mathrm{N}} Z_{\mathrm{T}} \cos(\alpha - \theta) \\
\Leftrightarrow U_1 - \sqrt{3}\beta I_{\mathrm{N}} \cos(\alpha - \theta) u_{\mathrm{k}}\% \dfrac{U_{1\mathrm{N}}^2}{S_{\mathrm{N}}} \\
\Leftrightarrow U_1 - \beta U_{1\mathrm{N}} \cos(\alpha - \theta) u_{\mathrm{k}}\% \\
U_2 = \dfrac{U_2'}{k}
\end{cases} \tag{3-17}
$$

式（3-17）两边同除以 U_{N}，则有

$$
\begin{cases}
\dfrac{U_2'}{U_{\mathrm{N}}} = \dfrac{U_1 - \beta U_{1\mathrm{N}} \cos(\alpha - \theta) u_{\mathrm{k}}\%}{U_{\mathrm{N}}} \\
\Leftrightarrow U_2'^* = U_1^* - \beta \cos(\alpha - \theta) u_{\mathrm{k}}\% \\
U_2^* = \dfrac{U_2'^*}{k}
\end{cases} \tag{3-18}
$$

式中：α 为变压器阻抗角；β 为变压器负载率，即 $\beta = I/I_{\mathrm{N}}$；θ 为负荷功率因数角。

对 $U_2'^*$ 求偏微分，则有

$$
\begin{cases}
\left|\dfrac{\partial U_2'^*}{\partial U_1^*}\right| = 1 \\
\left|\dfrac{\partial U_2'^*}{\partial \beta}\right| = \left|\cos(\alpha - \theta) u_{\mathrm{k}}\%\right| \\
\left|\dfrac{\partial U_2'^*}{\partial \theta}\right| = \beta\left|\sin(\alpha - \theta) u_{\mathrm{k}}\%\right|
\end{cases} \tag{3-19}
$$

通过求取偏微分可以看出，末端电压对变压器高压侧电压的偏导数为 1，而对负载率和功率因数的偏导数远远小于 1。因此，变压器高压侧电压对台区首端的电压影响最大，因此可通过有载调压变压器或调压器抑制高压侧波动造成的低压侧电压越限问题。而对于负载率和负荷功率因数，两者的大小受配电变压器容量（影响配电变压器阻抗角）、负载率和负荷功率因数的影响。在影响程度上，两者相当，不超过 4%，不到高压侧电压影响的 1/25，可不作为重点调压手段。

通过仿真计算，见表 3-7～表 3-9，同样可以论证以上的结论。

表 3-7　　　　　$\beta = 100\%$，$\cos\theta = 0.85$ 时的台区首端电压标幺值

10kV 侧电压标幺值	台区首端电压标幺值	10kV 侧电压标幺值	台区首端电压标幺值
0.90	0.87	1.02	0.99
0.92	0.89	1.04	1.01
0.94	0.91	1.06	1.03
0.96	0.93	1.08	1.05
0.98	0.95	1.10	1.07
1.00	0.97		

表 3-8　　　　　$U_1^* = 1$，$\cos\theta = 0.85$ 时的台区首端电压标幺值

负载率（%）	台区首端电压标幺值	负载率（%）	台区首端电压标幺值
10	0.997	60	0.981
20	0.994	70	0.977
30	0.990	80	0.974
40	0.987	90	0.971
50	0.984	100	0.968

表 3-9　　　　　$U_1^* = 1$，$\beta = 60\%$ 时的台区首端电压标幺值

负荷功率因数	台区首端电压标幺值	负荷功率因数	台区首端电压标幺值
0.00	0.964	0.60	0.963
0.20	0.962	0.80	0.967
0.40	0.962	1.00	0.985

3.3.2.3　无功调节治理分析

目前低压无功补偿主要安装在配电变压器低压侧。根据相关技术规范和规划原则，低压无功补偿的配置比例一般为 20%～40%，在实际应用中一般取 30%。低压无功补偿的直接表现是提高功率因数，但更重要的是减小配电变压器负载水平，进而减少电压损耗。

假定补偿前的功率因数为 θ_1，补偿前的负载率为 β_1，补偿后的功率因数为 θ_2，则补偿后的负载率为

$$\beta_2 = \beta_1 \frac{\cos\theta_1}{\cos\theta_2} \qquad (3-20)$$

补偿前后电压的变化为

$$dU = [\beta_1\cos(\alpha - \theta_1) - \beta_2\cos(\alpha - \theta_2)]u_k\% \qquad (3-21)$$

从图 3-23 可以看出，配电变压器原有的负载率越高，功率因数越低，补偿效果越明显。对于 50kVA 以上的配电变压器，α 在 70°～80° 之间。假定补偿前的功率因数为 0.6，负载率为 100%，补偿后的功率因数为 0.95，则补偿后电压提升仅为 2.2%。在实际中，

配电变压器的功率因数多高于 0.8，负载率低于 80%。此时，无功补偿对电压的提升在 1%左右。因此，在 10kV 线路无功功率充足的情况下，对低压配电网进行无功补偿无法起到立竿见影的效果。

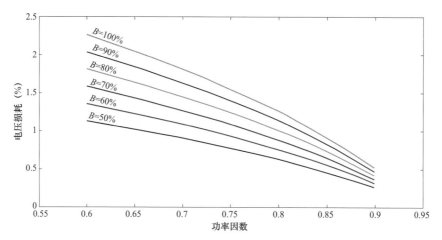

图 3-23　不同功率因数和负载水平下无功补偿对首端电压损耗影响

3.3.3　台区调压手段配置方案

3.3.2 中从治理的三个角度进行了分析，其中采用增大导线截面积、改善网架结构的基础设施改造以及变压器调压的方式对低电压治理有明显效果。结合 2.3 节介绍的台区建设模式，本节确定的台区调压手段配置方案为：优先对截面积小、残旧老化的线路及网架结构进行升级改造；其次针对台区采用的建设模式采取定制化调压手段，即对配电变压器高压侧电压波动较大的情形以配置有载调压变压器为主，用户较分散且位于线路末端的情形以配置调压器为主，无功功率缺额较大的情形以无功补偿为主，兼而有之的情形以变压器调压为主，无功补偿为辅助手段。具体配置方式及要求做如下说明。

3.3.3.1　基本配置方案

1. 增大导线截面积

在选择进行低压线路改造时，应同时考虑电压损耗、导线截面积情况。

（1）对于负荷均匀分布在主干线沿线的低压线路，电压损耗主要集中在主干线上。在选择更换导线的截面积时，应按照以下公式进行核算。

$$\lambda_2 \leqslant \lambda_1 \frac{dU_2^*}{dU_1^*} \tag{3-22}$$

式中：λ_1 为改造前导线截面积-功率因数因子；λ_2 为改造后导线截面积-功率因数因子；dU_1^* 为改造前的电压损耗标幺值；dU_2^* 为改造后的电压损耗标幺值，dU_2^* 的取值对于 λ_2 的确定非常重要。

当首端电压标幺值为 1.0 时，dU_2^* 应小于 10%，考虑不确定因素影响以及预期负荷增长，建议取为 6%～8%。当首端电压标幺值大于 1.0 时，dU_2^* 应为 6%～8%加上首端电压偏差。

例如，某台区改造前主干线截面积为 70mm²，功率因数为 0.9，电压损耗为 15%，则有：

1）首端电压标幺值为 1.0，通过计算，λ_2 应小于 0.283，对照表 3-5，则改造后导线截面积为 185mm²。

$$\lambda_2 \leqslant \lambda_1 \frac{dU_2^*}{dU_1^*} = 0.53 \times \frac{8\%}{15\%} = 0.283 \qquad (3-23)$$

2）首端电压标幺值为 1.02，通过计算，λ_2 应小于 0.35，对照表 3-5，则改造后导线截面积为 120mm²。

$$\lambda_2 \leqslant \lambda_1 \frac{dU_2^*}{dU_1^*} = 0.53 \times \frac{10\%}{15\%} = 0.35 \qquad (3-24)$$

（2）对于主干+分支，负荷均匀分布在分支线上，可分为主干和分支两段进行处理。

受导线截面积-功率因数因子的限制，当电压低到一定程度时，即使将导线增大到最大，也不能解决低电压问题。还是以负荷均匀分布在主干线沿线的低压线路上为例，来求取线路改造前允许的最低电压，计算公式见式（3-25），计算结果见表 3-10。可以看出，25mm² 电压标幺值不低于 0.75（165V），35mm² 电压标幺值不低于 0.79（174V），50mm² 电压标幺值不低于 0.82（180V），70mm² 电压标幺值不低于 0.84（185V）。也就是说，对于 180V 以下的低电压台区，除了原导线为 25mm² 和 35mm² 外，都不能通过低压线路改造来解决。

$$\begin{cases} (1-U_1^*)\dfrac{\lambda_2}{\lambda_1} \leqslant 0.08 \\ \Leftrightarrow U_1^* \geqslant 1 - 0.08 \times \dfrac{\lambda_1}{\lambda_2} \end{cases} \qquad (3-25)$$

表 3-10　　　　　　　　增大导线截面积对改造前电压的限制标幺值

截面积（mm²）	35	50	70	95	120	150	185	240
25	0.89	0.85	0.81	0.75	0.72	0.67	0.63	0.58
35	—	0.89	0.86	0.82	0.79	0.75	0.71	0.67
50	—	—	0.89	0.87	0.85	0.82	0.79	0.76
70	—	—	—	0.90	0.88	0.86	0.84	0.82
95	—	—	—	—	0.91	0.89	0.88	0.86

2. 新建低压线路

当主干线负载率高，导线截面积在 95mm² 以上时，增大导线截面积对改善电压效果不明显，因此可与原来的线路平行架设新的线路或从邻近配电变压器架设线路，割接原线路上的部分负荷。改造前后，电压损耗降低幅度可根据式（3-26）进行评估，以判别负荷切割的可行性，如可取 $k=25\%$ 为最小值。但是，割接负荷除了对经济性产生影响，还需考虑确定因素的影响，即如果改造前台区首端电压标幺值为 1，则改造前末端电压标幺值不能低于 0.84。

$$\begin{cases} k = \dfrac{I_1 L_1(\cos\theta r + \sin\theta x) - I_2 L_2(\cos\theta r + \sin\theta x)}{I_1 L_1(\cos\theta r + \sin\theta x)} \\ \Rightarrow k = \dfrac{I_1 L_1 - I_2 L_2}{I_1 L_1} \times 100\% \end{cases} \qquad (3-26)$$

其中，下标 1 表示改造前，2 表示改造后，因改造后的电压损耗小于改造前的，故电压损耗降低幅度 k 为正值。

3.3.3.2 变压器配置方案

1. 有载调压变压器

针对因 10kV 侧电压波动频繁导致台区电压未能达标的情况，考虑配置有载调压变压器，因此配置方案主要研究该类型变压器可适用的电压范围。通常有载调压变压器有 5（±5%、±2.5%、0）或 3（±5%、0）个挡位，以 5 挡配电变压器为例，每调节 1 挡，根据 3.3.2 的分析，在负荷保持不变的情况下，电压的变化情况见表 3-11，可以看出，每调 1 挡，台区首端电压提高约 2.5%，效果相比配电变压器扩容和无功补偿更加明显。

$$\begin{cases} U_2'^* = U_1^* - \beta\cos(\alpha-\theta)u_k\% \\ dU = \dfrac{U_2'^*}{k_1} - \dfrac{U_2'^*}{k_2} \end{cases} \qquad (3-27)$$

表 3-11　　　　　　　　调整配电变压器挡位对首端电压的影响

现有挡位	调整后挡位	台区首端电压增加（%）
−2.5	−5	2.38
0	−2.5	2.44
2.5	0	2.50
5	2.5	2.56

2. 调压器配置方案

低压调压器是一种串联在低压配电线路的调压设备，是解决由供电半径过大引起的低电压问题的补充手段，经济性较好，建设周期短。单相调压器适用于 0.22kV 两线制配电线路中，对 0.22kV 配电线路末端电压进行补偿提升。三相分相调压器适用于 0.4kV 三相四线制配电线路中，对 0.4kV 配电线路末端电压进行补偿提升。

若低压调压器配置不合理，则容易发生调压器严重过载或开关分、合频繁而烧毁接触器触头的情况，因此配置低压调压器首先要满足以下适用范围：

（1）用户端电压不得低于 168V；

（2）台区首端电压合格；

（3）配电变压器功率因数不宜低于 0.8；

（4）配电变压器平均负载率不宜高于 70%；

（5）所接用户负荷容量不超过低压调压器容量的 80%；

（6）所接用电负荷的增长速度慢；

（7）线路型号应与低压调压器的容量匹配；

（8）安装条件应满足启动电压和位置的要求。

进一步地，配置方案要明确安装地点及容量配置，为线路调节装置的设备选型提供参考。

（1）安装地点。线路调节装置主要的应用场景为低压线路低电压问题的治理，以图 3-24 所示低压线路模型为例，进行无功电压调节装置地点的研究。

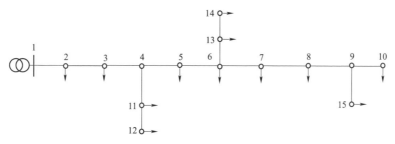

图 3-24　低压线路模型

该模型线路含 15 个负荷节点，配电变压器容量为 200kVA，线路总长度为 632m，最大负荷时刻，其总有功负荷为 108kW，功率因数为 0.82，其初始潮流仿真结果见表 3-12。

表 3-12　　　　　　　　主干节点电压幅值初始潮流仿真结果　　　　　　　　V

节点	相电压	节点	相电压
1	226.3	6	196.9
2	218.8	7	194.0
3	213.0	8	191.7
4	205.5	9	190.5
5	200.3	10	189.9

由表 3-12 可知，仿真模型在节点 6 就开始出现低电压问题，现在三处位置分别安装智能线路无功电压调节装置：

1）线路 1/3 处，即节点 3 处；

2）线路 2/3 处，即节点 7 处；

3）低电压出现节点至第一个电压合格点中间，即节点 5~6 中间。其仿真结果见表 3-13。

表 3−13   各安装点主干节点电压幅值仿真结果

节点	相电压（V）			
	原始潮流	安装点 1	安装点 2	安装点 3
1	226.3	225.2	226.9	226.9
2	218.8	217.1	220.0	219.4
3	213.0	210.2	213.6	213.0
4	205.5	208.4	206.7	206.1
5	200.3	203.2	202.1	200.9
6	196.9	199.8	198.6	207.3
7	194.0	196.9	195.7	204.4
8	191.7	194.6	211.3	202.6
9	190.5	193.4	210.2	200.9
10	189.9	192.8	209.6	200.9

由图 3−25 可知，在安装点 1 虽然可以起到一定的电压调节作用，但调节效果较差，线路末端仍出现低电压问题。安装点 2 可以较好地解决末端低电压问题，但是由于安装点固定在线路 2/3 处，节点 6、节点 7 仍旧存在低电压现象，对于线路 2/3 前出现的低电压问题无法解决。相比而言，安装点 3 则可以较好地解决全线路低电压问题，在此安装点选择下，线路中末端电压均合格。

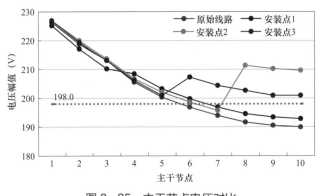

图 3−25 主干节点电压对比

因此，为保障低电压的治理效果，对无功线路电压调节装置安装点的选址原则为：结合现场测量和用户反映的情况，确定支线开始出现低电压问题的用户节点与其沿线首个电压合格的节点，选择两个节点间地势较为开阔的一处电线杆周边作为装置的安装地点。

（2）容量配置。调压器容量配置公式如下：

$$S_{N} = \begin{cases} U_{N}I_{max}, & 单相 \\ \sqrt{3}U_{N}I_{max}, & 三相 \end{cases} \tag{3-28}$$

式中：S_N 为调压器额定容量；U_N 为额定电压；I_{max} 为线路高峰负荷电流。

考虑到未来负荷增长，将调压器容量配置公式修正为

$$S = S_N (1+r)^n \qquad (3-29)$$

式中：S 为调压器配置容量；r 为台区负荷自然增长率；n 为负荷增长年限，一般取 5～10 年。

3.3.3.3　无功设备配置方案

随着功率因数增加，线路的导线截面积 – 功率因数因子变化很小，因此无功补偿的主要作用是减少线路电流。无功补偿一般安装在线路的中后段，当架设负荷在线路上均匀分布时，则加装无功补偿后，对于不同截面积的导线，补偿后的电压损耗可按式（3－30）进行评估。

$$\begin{cases} dU = \dfrac{1}{2} L_1 I_1^* (\cos\theta_1 r^* + \sin\theta_1 x^*) - \dfrac{1}{2} L_2 I_2^* (\cos\theta_2 r^* + \sin\theta_2 x^*) \\ I_1 \cos\theta_1 = I_2 \cos\theta_2 \end{cases} \qquad (3-30)$$

以线路首端补偿到 0.95 为例，无功补偿对电压损耗的影响见表 3－14。可以看出，补偿后电压损耗的降低幅度不大。在功率因数为 0.85 的情况下，补偿前后损耗仅减少 22%，但是无功补偿有助于减少损耗。补偿至 0.95，电流减少为原来的 80%，则损耗减少为原来的 64%，线损减少 36%。

表 3－14　　　　　　　　　　　无功补偿对电压损耗的影响　　　　　　　　　　　%

补偿前功率因数	补偿后损耗减少	补偿前功率因数	补偿后损耗减少
0.70	41	0.80	30
0.75	35	0.85	22

无论是无功功率就地平衡还是分层平衡，电网中无功补偿设计均遵循基本原则，因此电容器配置的基本容量为

$$Q_C = Q_{load} \qquad (3-31)$$

式中：Q_C 为电容器的基本容量；Q_{load} 为台区负荷峰值时安装点及其之后的无功功率值。

结合经济压差原则，线路无功功率分点在线路中点时，系统电压质量最好，线路损耗最小，电容器补偿容量应具备适当过补偿能力，将电容器容量配置修正为

$$Q_C = Q_{load} + \frac{Q_1 - Q_{load}}{2} \qquad (3-32)$$

式中：Q_1 为台区负荷峰值时台区首端无功功率值。

3.4　三相不平衡治理方案设计

三相不平衡问题给电网带来了严重的危害，出于系统安全运行和避免公共财产损失

的考虑，我国制定了相关规程导则对其进行加以控制，根据 Q/GDW 1519—2014《配电网运维规程》，配电变压器的不平衡度应符合：Yyn0 接线不大于 15%，中性线电流不大于变压器额定电流的 25%；Dyn11 接线不大于 25%，中性线电流不大于变压器额定电流的 40%；不符合上述规定时，应及时调整负荷。

3.4.1　三相不平衡调节手段及装置介绍

在治理三相不平衡方面常用的手段和调节装置主要包括换相开关型、电容型及电力电子型三种，这三种类型的装置有各自的优势及使用范围。现分别从装置的理论基础、优势、局限性及适用范围四方面对这三种自动调节装置的特性进行对比分析，见表 3-15。

表 3-15　　　　　　　　　　　三种负荷自动调节装置的特性对比

装置类型	换相开关型	电容型	电力电子型
理论基础	相序平衡法	负荷补偿法	瞬时无功功率理论
优势	能在不改变配电网原有框架结构的前提下，从根本上解决配电网负荷三相不平衡的问题，包括减少配电变压器损耗和线损，缓解线路末端低电压问题和损坏用电设备的现象	(1) 补偿原理较为简单，可操作性强； (2) 电容器造价较低，投资小	能够连续、平滑地进行补偿，响应速度快，治理效果好
局限性	(1) 控制算法复杂，须考虑配电网的特异性及负荷敏感性； (2) 有较高的制造工艺要求； (3) 为避免开关频繁切换造成系统振荡、装置寿命缩短等问题，不对开关型调节装置进行实时控制	(1) 不能从根本上解决三相不平衡的问题，线路末端低电压问题及线损问题仍然存在； (2) 只能进行分级补偿，且实时性较差，无法动态跟踪平衡； (3) 易出现无功功率倒送的现象	(1) 有源滤波器（APF）、SVG 等设备造价昂贵，目前只用于中高压系统中； (2) 电流检测算法及控制策略较复杂，还处于完善阶段
适用范围	(1) 配电变压器低压侧功率因数大于 0.85； (2) 配电变压器台区低压主干线和主要分支线为三相供电方式	(1) 配电变压器台区同时存在三相负荷不平衡和无功功率不足问题； (2) 配电变压器台区供电半径较短	(1) 用户对电能质量要求较高或同时存在三相负荷不平衡、无功率不足和谐波超限问题； (2) 配电变压器台区供电半径较短

由表 3-15 可知，电容型和电力电子型调节装置治理三相不平衡的本质均为无功补偿，但电容型调节装置仅能进行分级调节，实时性较差，因此三相不平衡补偿的效果较差；电力电子型调节装置为连续调节，响应速度快，补偿性能远优于电容型调节装置，但造价昂贵，因此这两种补偿型调节装置在选型时，应结合设备安装台区的三相不平衡严重程度、负荷波动情况和设备安装后的经济效益多方面进行考虑和优化配置；换相开关型调节装置能从本质上较为彻底地解决了三相不平衡问题，即使现阶段换相开关的制造工艺和控制算法仍有待进一步提升，也是三相不平衡治理较为主流的研究和改进方向。

导致三相不平衡问题产生的原因主要包括三相负荷不平衡、线路参数不平衡以及由于分布式电源接入而导致的不平衡，其中，负荷不平衡是导致公用变压器台区三相不平衡的主要因素。结合上述分析的配电网三相不平衡常用治理手段，从经济性与适用性等方面考虑，建议农村低压配电网以补偿型装置作为三相不平衡治理的主要手段，包括电容器和 SVG 两大类。

3.4.2　补偿容量需求确定

设 $Q_{\text{in},t}$ 为电容器或 SVG 在 t 时刻的实时补偿容量需求值，则：

（1）对于相间补偿电容器，当 $Q_{\text{in},t}$ 介于区间 $[Q_{\text{in.min}}，Q_{\text{in.max}}]$ 时，t 时刻的电容器投切组数为 i。

$$Q_{\text{in.max}} = [(i+1)Q_{\text{single}} - iQ_{\text{single}}]/2 \quad i \in [1, N-1] \tag{3-33}$$

$$Q_{\text{in.min}} = [iQ_{\text{single}} - (i-1)Q_{\text{single}}]/2 \quad i \in [1, N-1] \tag{3-34}$$

式中：Q_{single} 为电容器单组容量；N 为组数。

（2）对于 SVG，t 时刻的实际补偿容量即为 $Q_{\text{in},t}$。

补偿容量需求值 $Q_{\text{in},t}$ 是控制策略中的观察指标，也是控制策略中计算的关键。此处提出了两种不同形式的容量需求计算方法：① 以三相有功功率为观察指标；② 以电流不平衡度和负载率为观察指标。现对这两种方法进行归纳与补充完善，可得到如下建议：

（1）基于三相有功功率的容量需求计算。该方法具体的配置步骤如下：

1）采集设备安装点各相有功功率数据 P_A、P_B、P_C。

2）求三相有功功率平均值 P_{av}，计算各有功功率欠量或过量。

其中判断各相为有功功率欠量或过量的方法为：利用式（3-35），若 $\Delta P_i < 0$，则表示有功功率欠量；若 $\Delta P_i > 0$，则表示有功功率过量。

$$\Delta P_i = P_i - P_{\text{av}}, \quad i = \text{A, B, C} \tag{3-35}$$

3）若三相中两相有功功率过量、一相有功功率欠量，依次设对应相为 X1、Y1、Z1（即三相功率 $P_{X1} > P_{Y1} > P_{Z1}$），则供选的方案有方案一、方案二、方案三，各方案的有功功率转移方向分别为：

方案一：X1→Z1，Y1→Z1；

方案二：X1→Y1，Y1→Z1；

方案三：Y1→X1，X1→Z1。

若三相中两相有功功率欠量、一相有功功率过量，依次设对应相为 X2、Y2、Z2（即三相功率 $P_{X2} < P_{Y2} < P_{Z2}$），则供选的方案有方案四、方案五、方案六，各方案的有功功率转移方向分别为：

方案四：Z2→X2，Z2→Y2；

方案五：Z2→X2，X2→Y2；

方案六：Z2→Y2，Y2→X2。

4）根据有功功率转移方向及两相相序关系，确定并联电容或电感：当功率由超前相转移至滞后相时，则所并联的为电容；当有功功率由滞后相转移至超前相时，则所并联的为电感。

5）采纳纯电容补偿的方案，纯电容补偿方案有且仅有一个：当两相有功功率过量、一相有功功率欠量时，该方案为方案二或方案三的其中一种；当两相有功功率欠量、一相有功功率过量时，该方案为方案四或方案五的其中一种。

6）根据式（3−36）计算纯电容补偿方案中两个并联电容的容量，并以容量较大者为准，在三相间两两并联等容量电容，电容配置容量见式（3−37）。

$$Q_i = \frac{P_M - P_N}{\sqrt{3}} \qquad (3-36)$$

式中：Q_i（$i = 1$，2）分别为两个并联电容的容量；P_M、P_N（M，N = A，B，C）分别为超前相、滞后相的有功功率。

$$Q_{total} = 3 \times \max(Q_1, Q_2) \qquad (3-37)$$

配置步骤流程图如图 3−26 所示。

（2）基于电流不平衡度和负载率的容量需求计算。由工程经验可知，不平衡补偿的容量主要与配电变压器容量及配电变压器台区的电流不平衡度有关。其中，若定义补偿设备的配置率 β 为所装设补偿设备的容量占配电变压器容量的百分比，如式（3−38）所示，配电变压器台区的负载率 θ 为负荷视在功率占配电变压器容量的百分比，如式（3−39）所示，则配置率 β 与负载率 θ 的关系与配电变压器容量无关。关于三相不平衡补偿设备的定容方法，主要考虑补偿设备的配置率 β 与电流不平衡度 α_I 及配电变压器台区负载率 θ 的数量关系，即求解关系式 $\beta = f(\alpha_I, \theta)$，用于指导三相不平衡补偿容量配置。

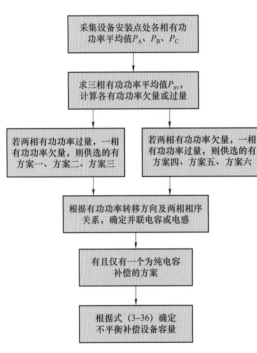

图 3−26 配置步骤流程图

$$配置率\,\beta = \frac{所装设补偿设备容量}{配电变压器容量} \times 100\% \qquad (3-38)$$

$$负载率\,\theta = \frac{负荷视在功率}{配电变压器容量} \times 100\% \qquad (3-39)$$

研究分析配电变压器台区负载率、电流不平衡度对补偿容量需求值的影响，最终得到三者间的定性关系，进一步总结得到可直接应用于控制策略中的、具有一定裕度的容量需求值，见表 3−16，该方法具有工程实用性强、直观易操作的特点。

表 3−16 　　　　基于电流不平衡度和负载率的补偿容量需求值参考表 　　　　　　　%

电流不平衡度	负载率			
	0～20	20～40	40～60	60～80
0～20	0.4	1.3	2.3	3.2
20～40	1.3	4.4	7.4	10.4

续表

电流不平衡度	负载率			
	0~20	20~40	40~60	60~80
40~60	2.6	8.8	14.8	21.0
60~80	4.3	14.5	24.6	34.9
80~100	6.4	21	36.6	52.0

3.4.3　补偿装置型号选择

在规划时，以配电变压器台区年负载率最大时刻为数据采集时刻，收集配电变压器低压侧三相有功功率数据，或配电变压器电流不平衡度和负载率，根据容量需求计算方法，可得到该配电变压器台区电容器或 SVG 的最大容量需求，从而完成三相不平衡补偿的定容。

此外，由于电容器和 SVG 的运行特性和动作策略不同，还应根据市面上电容器和 SVG 的实际规格，对补偿装置的选型进行进一步细化。

（1）常用低压电容器的容量有 5~30kvar 等不连续值，当需要配置多组电容器时，一般只配置等容量电容器，因此，在单位容量投资成本相等的前提下，在总容量相等、单组容量不等的多种电容器组合情况中，由于单组容量较小的电容器可进行分区较细的补偿，调节效果更佳，因此采用单组容量较小但组数最多不超过 4 组的电容器组；由于三相不平衡台区需要的配置容量普遍介于 0~120kvar 范围内，则可供选择的电容器组合见表 3 - 17。

表 3 - 17　　　　　　　　　　电 容 器 组 合　　　　　　　　　　kvar

总容量	5	10	15	20	25	30	40	45
单组容量×组数	5×1	10×1	15×1	20×1	25×1	30×1	10×4	15×3
总容量	50	60	75	80	90	100	120	—
单组容量×组数	25×2	15×4	25×3	20×4	30×3	25×4	30×4	—

（2）在普遍补偿容量区间 0~120kvar 内，常用的可供选择的 SVG 最小容量规格为 15kvar，分别有 15、20、30、40、50、60、70、80、90、100、110、120kvar。

（3）考虑设备安装后的三相不平衡改善效果和配电变压器台区综合成本，得到如表 3 - 18 所示三相不平衡补偿型号配置建议。

表 3 - 18　　基于电流不平衡度和负载率的三相不平衡补偿型号配置参考表　　　%

负载率	电流不平衡度							
	0~10	10~25	25~35	35~50	50~65	65~75	75~85	85~95
10	0	0	5×1	5×1	15	5×2	15	20
15	0	5×1	5×1	15	15	15	20	25×1

续表

负载率	电流不平衡度							
	0~10	10~25	25~35	35~50	50~65	65~75	75~85	85~95
20	0	5×1	15	15	15	20	30	40
25	0	5×1	5×2	15	20	30	40	15×3
30	0	5×1	15	20	25×1	30	15×3	25×2
35	0	5×1	15	20	30	40	25×2	15×4
40	0	15	15	20	30	15×3	60	25×3
45	0	15	20	30	40	25×2	15×4	20×4
50	0	5×2	20	30	15×3	60	25×2	30×3
55	0	15	20	30	25×2	15×4	20×4	25×4
60	0	15	20	40	25×2	25×3	30×4	30×4
65	0	15	30	40	60	25×3	25×4	30×4
70	5×1	15	30	40	15×4	20×4	25×4	30×4
75	5×1	15	30	25×2	15×4	30×3	25×4	30×4
80	5×1	20	30	25×2	25×3	25×4	30×4	30×4
85	5×1	20	40	60	25×3	25×4	30×4	30×4

注 1. "20""30"等由单一数字表示的选型结果为 SVG，数目 20、30 等表示配置容量（单位：kvar）；"5×1" "25×2"等由乘法形式表示的选型结果为电容器，表示单组容量（单位：kvar）×组数。

2. 该配置建议应用于配电变压器容量 $S=200\text{kVA}$ 的台区，当配电变压器容量不等于 200kVA 时，配置的电容器和 SVG 应乘以相应的规模系数。

3. 若根据本表得到的补偿设备容量较大时，可考虑改用换相开关进行三相不平衡治理。

由表 3-18 可以看出，从左至右，电流不平衡度逐渐增大，负载率也逐渐增大，即相间有功功率差异逐渐增大，所需并联调节装置（电容器或 SVG）的容量也应相应增大，而在最终的选型结果中，电容器主要分布于表格右下角，即随着对调节设备容量需求的增加，电容器的优势逐渐增大，这是由于随着设备容量的增大，SVG 的相对综合成本越高，超过因其连续调节三相不平衡改善效益，从而被电容器所取代；而在表格左上角，SVG 具有相对优势，因此，可以得知，当设备安装容量较小时，安装 SVG 的综合效益较高，改善三相不平衡较好，且配电变压器台区综合成本较低；当设备安装容量较大时，安装电容器的综合效益较高，尤其是经济性较好。

3.4.4 补偿安装地点选取

在有功功率不等的两相间并联补偿装置，可实现有功功率的转移，有功功率由超前相转移至滞后相，超前相下送有功功率减少，滞后相下送有功功率增大，设备安装点之前的沿线节点两相输送功率值差距因此缩小，即适当将不平衡补偿装置由配电变压器低压侧向线路侧推移，可有效降低配电变压器低压侧至设备安装点沿线的三相不平衡程度。但是，由于相间并联电容除可实现有功功率转移之外，同时会给两相补偿一定的无功功率，对于轻载相而言，易发生无功功率倒送，当无功功率倒送程度过大时，将发生电流反向。因此，设备安装点并不是越靠近线路末端越好，而是存在一个临界节点，在该节点处，轻载相恰好不发生电流反向，此时，全线剩余不平衡电流最小，下面将通过理论推导出该临界节点，即最优不平衡补偿点的位置。

以配电变压器低压侧为首节点，设为节点 1，并依次对沿线所有节点进行编号，假设于节点 $i+1$ 进行三相不平衡补偿，且补偿容量为 Q_{com}。为使补偿后轻载相节点 $i+1$ 不发生电流反向，节点 i 与节点 $i+1$ 之间电压降落 ΔU_{i+1} 应满足下列关系式：

$$\Delta U_{i+1} = U_i - U_{i+1} = \frac{(P_{i+1} - \Delta P)R - (\Delta Q - Q_{i+1})X}{U_{i+1}} > 0 \qquad (3-40)$$

$$Q_{com} = 3 \times \frac{2}{\sqrt{3}} \Delta P \qquad (3-41)$$

$$\Delta Q = \sqrt{3} \Delta P \qquad (3-42)$$

式中：U_i、U_{i+1} 分别为不平衡补偿后轻载相节点 i 和节点 $i+1$ 的电压幅值；P_{i+1}、Q_{i+1} 分别为不平衡补偿前轻载相节点 $i+1$ 所有分支线路所带负荷总量的有功功率、无功功率；R、X 分别为节点 i 至节点 $i+1$ 中间线路的电阻值、电抗值。

对式（3-40）做进一步化简，可得

$$(P_{i+1} - \Delta P)R - (\Delta Q - Q_{i+1})X > 0 \qquad (3-43)$$

即不平衡补偿容量 Q_{com} 应满足式（3-44）：

$$Q_{com} < 2\sqrt{3} \times \frac{aQ_{i+1} + P_{i+1}}{\sqrt{3}a - 1} \qquad (3-44)$$

式中：a 为导线电抗与电阻的比值，仅与导线类型有关。

设不平衡补偿前节点 $i+1$ 所有分支线路所带负荷总量与台区总负荷的比值为 w，且轻载相为 k，则式（3-40）可修改为

$$S\beta < S \times \frac{1}{3} \times \frac{I_k}{(I_A + I_B + I_C)/3} \theta w (a\cos\varphi + \sqrt{1-\cos^2\varphi}) \times 2\sqrt{3} \times \frac{1}{a\sqrt{3}-1} \quad (k = A,B,C)$$

$$(3-45)$$

式中：S 为配电变压器的额定容量；β 为不平衡补偿设备的配置率；I_A、I_B、I_C 分别为配电变压器低压侧 A、B、C 相的电流幅值；θ 为配电变压器台区的负载率；$\cos\varphi$ 为配电变压器低压侧的功率因数。

因此，补偿点所带负荷总量与总负荷的比值 w 应满足式（3-46）：

$$w > (a\sqrt{3}-1)\beta(I_A + I_B + I_C) / \left[I_k\theta(a\cos\varphi + \sqrt{1-\cos^2\varphi}) \times 2\sqrt{3} \right] \quad (k = A,B,C)$$

$$(3-46)$$

根据式（3-46）计算所得补偿点 $i+1$ 为轻载相恰好不发生电流反向的临界节点，但由于在补偿点 $i+1$ 处有较大容量的无功功率注入，节点 $i+1$ 电流大幅度减小，由此可见，即使补偿后节点 $i+1$ 不发生电流反向问题，节点 $i+1$ 的剩余不平衡电流值也会增大。因此，补偿点的设置应留有一定裕度，在节点 $i+1$ 之前的 1～2 个节点进行不平衡补偿

更为合理。

当配电变压器台区负荷的空间分布信息部分或完全缺失时，可采纳线路 1/3 处的统一安装标准，该标准经过大量仿真实验验证，在该处安装不平衡调节设备，不平衡改善效果与在理论最优不平衡补偿点进行安装贴合，能够实现三相不平衡改善节点数目的最大化。

3.5　本章小结

本章根据建设模式中一次设备与功能的配置，全面地从设备配置层面研究了对应功能的设计方案，包括户用光储的配置、低压配电网的联络、低电压治理和三相不平衡改善的方案研究。

（1）在户用光储配置中介绍了用户屋顶型与村庄集体型两种光伏并网方式，讨论了这两种方式的经济性、适合场景，进一步研究了户用光储系统的构成和光伏、储能间的连接方式，分析光储系统可实现的功能。

（2）在低压配电网联络方案中，首先研究了低压配电网的结构特点以及常用的开关设备；其次，为实现低压配电网故障处理自动化技术，建立了开关优化模型与评价模型，着重研究了配电网中分段开关与联络开关的配置方案；最后从算例中获得部分开关配置的原则，即联络点应设在目标台区中下游、联络台区中上游，依托现有网架结构进行联络能有效降低建设成本等。

（3）在低电压治理方案中，首先分析了农村电网存在低电压问题的原因，通过电气连接模型获得电压治理方式，并针对治理方式介绍了具体调压设备；其次，对各种调压手段的效果进行分析，总结出几种有效提高电压的方法，具体为扩大线径、新建线路切割负荷、调节变压器调压及无功补偿；最后给出每种有效调压手段的设计方案。

（4）在三相不平衡治理方案中，首先介绍了常用三相不平衡治理手段及装置，针对农村电网从经济性方面建议采用电容型与 SVG 的治理方式；其次，从容量、型号与安装位置的选取方面对设备配置方案进行说明；最后，当台区负荷的空间分布信息有缺失时，建议在线路 1/3 处选取安装位置。

第4章 景观融合的农村低压配电网工程综合技术

随着农村经济的快速发展,美丽乡村建设进程的不断加快,农村用户的用电性质发生了根本改变,电力需求与电能质量的要求与日俱增。与电力需求不同,由于农村低压配电网在建设之初就缺少长期规划,与乡村住房建设缺乏长效协同机制,使得农村配电网基础设施建设滞后于乡村建设。其中,配电网存在三线搭挂、配电设备与周围景观不协调等问题较为突出,在整体外观上更与美丽乡村的主题格格不入。本章基于景观融合理念,对农村低压配电网工程综合技术方案和建设标准进行了研究,提出配电设施景观布局的指导原则,从"变–线–表"层面为农村低压配电网中出现的三线搭挂、景观不协调等问题提出解决思路,从实用化角度给出了农村地区用电场景设计建议。

4.1 农村配电网建设情况分析

电网企业身为城市的建设者,在推动乡镇的旅游业发展和美丽乡村建设方面,也起着主体作用,不仅要保证用户的用电质量优质、可靠,还要主动肩负起社会责任,推动电力公共基础设施整洁、美观,能够与美丽乡村的建设相辅相成,实现电力设施的景观融合。当前低压配电变压器台区数量众多,低压配电线路辐射范围广,配电变压器台架及线路的建设通常只考虑地点选址,未考虑与周围景观相融合的建设理念。同时,随着乡村经济的发展,还存在如通信线、电视广播线等其他产权线路搭挂的情况,这种三线搭挂不但容易引发安全事故,威胁人民群众的生命财产安全,而且影响村落景观,与发展旅游产业、建设美丽乡村的初衷相违背。

随着美丽乡村建设的不断升级优化,户外的电力设施变得与周围环境不相协调,农村配电网在景观融合方面出现了不适应之处,原因在于:

(1)农村发展滞后于城镇,对配电网投资少,设备更新换代慢,对电力设施的维护与外观美化更是未涉及;

(2)千篇一律的配电网工程建设方案难以满足农村电网的要求,缺乏基于景观融合理念的电力设施建设与改造的工程技术指导方案。

本章将以项目建设为契机，研究基于景观融合理念的农村低压配电网工程综合技术方案，为低压配电变压器台区提供外观改造、美化指导意见，使电力设备以更活泼、更亲民的形象展现在居民、游客面前，推动电力设施与美丽乡村、特色产业共融共生、协调发展。

4.2　农村低压配电网工程综合技术方案

4.2.1　低压配电网景观布局指导原则

美丽乡村的发展和建设目标是人与自然的共生，在满足乡村居民生活需要的同时，还要建设与乡村相融合的景观布局，打造乡村的特色景观。电力设施作为公共基础设施，在设计时要协调好居民生活区与电力用地的矛盾关系，要从施工改造、材料用料等方面按标准和规范的要求建设乡村电力，使网架线路整齐、简洁；同时要结合农村产业特色，将电力设施融入乡村风貌，尽可能地实现对美丽乡村景观风貌的保护和对自然资源合理利用的双赢局面。以下将从建设、选材、应用角度给出低压台区景观布局的指导原则。

1. 科学规划，安全有序

电网建设应做好科学的规划，紧抓安全红线，积极服务于乡村振兴战略，加强乡村电力基础设施保障。近年来由于乡村居民生活水平的提高，以及新农村战略的实施，很多乡镇、村庄的产业类型有了新的变化，对美丽乡村的建设不仅仅满足于对电能的需求，还迫切要求电网企业能够把"变－线－表"与周围景观相融合，提升电力设施的外在"颜值"。因此，电网企业在对电力设施进行建设和改造时，要做好科学的规划，在配电变压器选点、选择走线路径、安装表箱时要充分考虑对周围景观的影响，适当考虑增加立体浮雕等外观改善措施，既能美化环境又能起到安全防护作用。

2. 和谐共生，绿色环保

电力设施除了在布局上要因地制宜，在外观的设计上还应契合美丽乡村的主题，如农村生活、产业发展、特色旅游、生态乡村等维度；在设备和防护设施选材上要绿色环保，肩负社会责任，减少对环境的污染。电力设施不仅包括传统的配电变压器台架、线路、表箱，还有分布式发电设施，如村集体型光伏发电系统、小型风力发电站及小水电站，这些电力设施都可从景观融合角度考虑如何建设，同时还可考虑与电信设施共建，促进设施整体与自然环境和谐共生。对电力设施的外设计，如箱式变压器、配电箱，均可考虑多个主题，使外观与村庄景观相协调。

3. 友好互动，开放互联

友好互动，开放互联旨在以电力设施为载体，增加与"用电安全"相关的主题教育彩绘或展板，可向公众普及电力知识；同时，可依情况在箱式变压器外部拓展显示屏，实时显示台区电能数据，让人们生活中的电"真实可见"。电力设施设计布局可考虑与通信等基础设施协调互联，例如开放线路杆塔布置通信基站，配电房、通信机房协同设计，电力线路、通信线路管廊公用，减少基础设施"重复"占地，解决三线搭挂现象。

4.2.2　台区配电设施景观融合方案

本节依据景观布局指导原则，将从低压台区的"变-线-表"方面对电力设施的景观融合方案进行说明，为电网企业在电力设施外观提升上提供指导借鉴，助力美化乡村景观，将电力公共基础设施打造成为电网企业与公众沟通的一个重要载体。

1. 配电变压器的景观融合

在低压配电网中，配电变压器为台区最核心的电力设备，数量众多且分布广泛，不仅承担着整个台区的电力供应，且占地面积较大，是外观提升改造、面向公众宣传的重点对象。根据安装形式不同，配电变压器可分为台式变压器、箱式变压器和配电房。本节研究电力设施的景观融合方案，根据配电变压器是否外露，分为外露式配电变压器和箱体式配电变压器，其中，箱体式配电变压器的外观提升方案同样适用环网柜等箱式电力设施。下面将按照指导原则给出配电变压器的景观融合方案，见表 4-1。

表 4-1　　　　　　　　　　配电变压器的景观融合指导方案

原则	外露式配电变压器	箱体式配电变压器
科学规划 安全有序	采用集成化开关设备，增加围墙并喷涂彩绘	在箱体表面喷涂彩绘
	安装立体式防护栏（兼顾安全与装饰），增加安全标识	
和谐共生 绿色环保	（1）主题上：农村生活、产业发展、特色旅游、生态乡村、电力宣传。 （2）形式上：平面创意、立体装饰、趣味互动。 （3）选材上：玻璃纤维增强塑料（FRP）、喷绘铝塑板	
友好互动 开放互联	（1）增加宣传版面，宣传用电安全、科普电力知识。 （2）安装显示屏，呈现台区当前电能数据、宣传电网企业文化。 （3）增加"电力二维码"，扫码了解台区运行情况，享受线上电力服务	

传统的台式变压器如图 4-1 所示。该台式变压器采用混凝土地基+金属围栏的隔离措施，对金属围栏、接地排、安全标识牌采用定制化、标准化涂装，在传统台架中是防护措施做得较好且较为规矩的一类。这类台式变压器采用红白相间的围栏进行隔离，虽然起到了警示的作用，但是在视觉上呈现的效果并不友好，在整体上与周围环境脱节。

景观融合理念下的台式变压器如图 4-2 所示。该台式变压器采用了立体浮雕式的防护栏，并增加了规范的安全标识，在彩绘的防护栏作用下使安全标识更加突显，兼顾了装饰与安全防护的作用。防护栏采用了农村生活主题的立体装饰，并通过铝塑板制成，在整体上使配电设施与周围景观相融合，且材料绿色环保。与传统台式变压器相比，改造后的电力设施能适合美丽乡村的要求，更能迎合游客、群众的口味。

图 4-1　传统台式变压器

图 4-2　景观融合理念下的台式变压器

2. 低压配电线路的景观融合

当前低压配电线路主要存在线路敷设不规范、走线错综复杂、三线搭挂问题。为解决上述问题，首先，要在规划时根据设计导则确定好线路布局方案，尽可能避开人流密集区、旅游干道，合理选择架空线路和电缆线路；其次，在施工过程中，要求施工人员严格按照规范敷设线路，在档距和线路间隔方面严格执行标准，确保线路整齐、整洁；在紧固件与街码以及电缆的选材上，尽可能选择和周围环境相协调且环境友好型材料，如彩色复合材料街码和光纤复合低压电缆，如图 4-3 所示；最后，应在街码上预留通信线、电视广播线位置，避免非电力线占用电力线位置导致的三线搭挂现象。

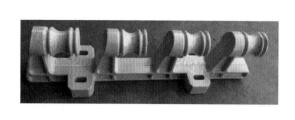

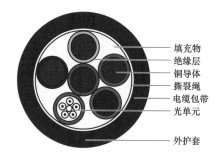

填充物
绝缘层
铜导体
撕裂绳
电缆包带
光单元

外护套

(a)　　　　　　　　　　　　　　　(b)

图 4-3　复合材料

(a) 彩色复合材料街码；(b) 光纤复合低压电缆

在乡镇街道、人口密集区、农村低压分支线、接户线、农村偏远小负荷地区，可以采用平行集束绝缘导线。平行集束绝缘导线将两根、三根或四根绝缘导线平行连接在一起，具有线损低、施工简便、造型美观、防止漏电窃电等优点。平行集束绝缘导线如图 4-4 所示。

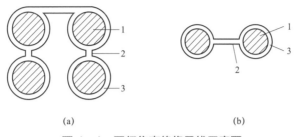

(a)　　　　　　　　　　　(b)

图 4-4　平行集束绝缘导线示意图

(a) 四芯型；(b) 二芯型

1—导线；2—连接筋；3—导线外皮

3. 用户侧配电表箱的景观融合

当前用户侧基本上换上了智能式电能表，存在的问题主要为：接户线不按规范敷设、集中表箱陈旧。针对上述问题，首先将接户线统一采用绝缘套管敷设，减少电线外露影响景观布局和引发用电安全事故；将已停止使用的集中表箱和电能表拆除，电能表采用"一户一表"安装；对于特殊的旅游景区，可对表箱的外观进行美化，增加与周围景观的协调程度。绝缘套管敷设与电能表箱美化如图 4-5 所示。

具体在安装电能表箱时，除了充分与居民住宅布局相结合，还要便于下户线的接入与进户线的接出：

图 4-5　绝缘套管敷设与电能表箱美化

（1）对于联排居住、居民住宅为独立单元的情况，宜选择 4 表位、6 表位集中布置。

（2）对于分散居住、居民住宅为独立单元的情况，宜选择以 2 表位、1 表位集中布置为主。

（3）为提高农村安全用电水平，电能表箱应选用环保型非金属材料，集中表箱内应加装中级漏电保护装置。

（4）为提高电能表箱的美化效果，使之与农村居民住宅充分协调，部分地区可选用带有彩色图案的电能表箱。

4.2.3　农村智能用电场景设计方案

除了"变-线-表"等电力设施与农村景观布局最为密切外，群众的文化生活还离不开公共配套设施，如休闲广场、文化室等；同时，农村的特色产业一般为花果养殖、水产养殖，其用电场景也具有典型性。因此，本节在实用化的基础上研究农村智能用电场景，针对场景的建设提出与美丽乡村相结合的设计方案。

1. 智慧路灯

在典型台区类型划分中，特色旅游型台区接待游客众多，旅游区内的公共场地、游乐设施地点分布广泛，需要大量的路灯及配电线路。以传统的农村供电方式，旅游区内需要敷设架空线和简单的照明路灯，较难兼顾美观和安全两大属性。此外，对于其他台区，群众日常的夜间出行也需要路灯照明系统，且随着美丽乡村建设深入人心，居民对路灯的美观程度、安全性能也有着较高的要求。

因此，智慧路灯应用场景主要建议将农村传统的路灯升级为 LED 智慧路灯照明系统，在节能和照明性能方面都有显著的提升；对于有景观需求的乡村景区，还可采用新型智能立柱灯（见图 4−6），与周围游乐场所或环境相协调；同时，可以因地制宜地选用集成风光互补的一体化灯杆，对较为分散且偏远的几处照明设施能较大地减少电缆线路的用量，满足经济性与节能环保的要求。

图 4−6　智能立柱灯

2. 乡村电力服务站

乡村电力服务站（见图 4−7）是在村委会等集体性办公场所的基础上新增的一个功能，将以新能源发电形式为村委会日常办公供电，还可以为村里的公共场所、公共用电设施供电，降低村委会行政开支，使经费更多地用于民众。借助电力服务站，可以建设属于村集体的充电桩，推广电动汽车的使用，推广绿色出行和安全用电；同时，将节约的经费用于开展有益的村集体活动，能够激发村民的热情，有助于增加群众对公共事务的参与度。

具体可实现功能如下：

（1）光储发电可充分利用电力服务站顶棚、乡村闲置棚面，建设小容量、低成本、易部署的光储模块，实现服务站自发自用。

（2）电动汽车充放电一体化装置平时可对电动汽车进行定期充放，削峰填谷，调节电网，电网失电时，作为应急救援向电网放电。

（3）电力数据监控大屏对本村用电数据、关键参数进行实时监控，向用户展示数字化电网成果，提升用户体验。

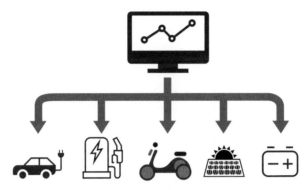

图 4-7　乡村电力服务站

3. 农光互补

在花果种植、水产养殖类用户中推广"农光互补"和"渔光互补"（见图 4-8）技术，利用农业大棚屋面、鱼塘水面布置光伏板，既不占用土地，降温保温，又可以发电自用，提高产值。

进一步地，光伏发电系统与柴油发电机、储能电池进行分布式组网，结合储能变流器、微电网控制器等设备，可实现停电状态下的离网运行，为重要负荷提供备用电源，防止因停电造成生产损失。

图 4-8　渔光互补项目

4.3　农村低压配电网工程标准配置

表 4-2 是结合每一类型台区供电特点所考虑，在实际台区的应用过程中也会有不相适应或考虑不周的情况，但台区可结合实际情况做出相应的配置选择以满足经济性建设的要求。

表 4-2 典型台区工程标准配置建议

配置	典型村落型	特色旅游型	花卉种植型	水产养殖型	乡镇企业型
普通箱式变压器	○	○	○	√	√
美化箱式变压器	○	√	√	○	○
正常台式变压器	√	○	○	○	○
架空改造	√	○	○	√	√
电缆埋地	○	√	√	○	○
集体表箱	○	○	○	○	○
设备模块化、集成化、预制件	○	√	√	○	○
彩色复合材料街码	√	○	○	√	√
平行集束绝缘导线	√	○	○	○	○
智慧路灯	○	√	√	○	○
乡村电力服务站	√	○	○	○	√
农光互补	○	○	√	√	○

注 "√"代表推荐功能;"○"代表可选配置。

4.4 本章小结

本章基于景观融合理念,对农村低压配电网工程综合技术方案和建设标准进行研究,主要为农村配电网中出现的三线搭挂、景观不协调等问题提出解决思路,供广大服务于农村配电网的从业人员参考。

在工程综合技术方案中提出了"科学规划,安全有序;和谐共生,绿色环保;友好互动,开放互联"的外观提升指导原则;根据指导原则从"变-线-表"层面为三线搭挂、景观不协调等问题提出解决思路;从实用化的角度给出了农村地区用电场景设计建议,其中包括智慧路灯、乡村电力服务站和农光互补。最后,在农村配电网工程标准配置中给出了典型台区配置建议,为台区电力设施外观提升改造提供选择。

第5章 农村低压智能配电网的监测和分析技术

针对当前台区存在的智能化水平不足，本章研究的智能台区全面监测技术主要是为农村智能台区建设提供监测层面的功能支撑，系统地提出了漏电监测、可靠性评估、线损精细化分析和三相不平衡评估方法，旨在解决农村台区的重点突出问题。

5.1 台区漏电监测方法

台区的漏电问题关系到人民群众的人身安全，同时也关系到电网企业的业绩考核，在较为恶劣的现场环境下，该问题更为突出。因此，本节提出了漏电监测方法，目的是通过智能监测技术快速地发现台区存在漏电，最终排除漏电带来的安全隐患，并进一步提高台区智能化水平。

5.1.1 台区接地系统分类说明

中性点接地方式对漏电保护效果有根本性影响，其中跨步电压与地电位成正比，地电位与接地（零序）电流成正比，因此漏电监测方法会因中性点接地方式不同而有所区别。根据中性点接地、电气装置外壳接地方式的配合，根据 GB 50054《低压配电设计规范》的规定，低压配电系统有三种接地形式，即 IT 系统、TT 系统、TN 系统，而 TN 系统可细分为 TN-S、TN-C、TN-C-S 三种类型。

（1）IT 系统：电源中性点不接地，用电设备外露可导电部分直接接地，如图 5-1 所示。

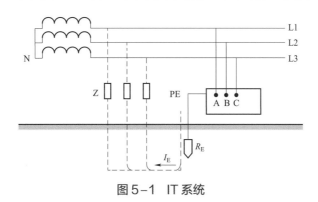

图 5-1 IT 系统

IT 系统发生第一次接地故障时，仅为非故障相对地的电容电流，其值很小，外露导电部分对地电压不超过 50V，不需要立即切断故障回路，保证供电的连续性。对于 IT 系统，发生接地故障时，非故障相对地电压升高 1.73 倍，即使电源中性点不接地，发生设备漏电时，单相对地漏电流也很小，不会破坏电源电压的平衡。但是，如果用在供电距离很长的情况下，供电线路对大地的分布电容不能忽视，在负载发生短路故障或漏电使设备外壳带电时，漏电电流经大地形成回路，保护设备不一定动作，易产生事故。

（2）TT 系统：电源中性点直接接地，用电设备外露可导电部分也直接接地，如图 5-2 所示。

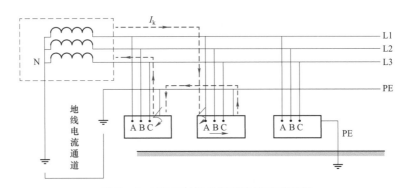

图 5-2　TT 系统及故障后电流流通路径

TT 系统在电器发生碰壳事故时，可降低外壳的对地电压，减轻人身触电危害程度。其接地电流将沿着接地网返回电源中性点，使接地电流较小，故称其为小电流接地故障。IEC 标准中，TT 系统能大幅降低漏电设备上的故障电压（故障电流小），但一般不能降低到安全范围内，因此采用 TT 系统需采用剩余电流动作保护器，且避免有二次故障出现。

（3）TN 系统：电源中性点直接接地，设备外露可导电部分与电源中性点直接电气连接，如图 5-3 所示。

TN 系统通常是一个中性点接地的三相电网系统，其特点是电气设备的外露可导电部分直接与系统接地点相连，当发生碰壳短路时，短路电流即经金属导线构成闭合回路，形成金属性单相短路，从而产生足够大的短路电流。

如果将工作零线 N 重复接地，当碰壳短路时，部分电流将分流于重复接地点，会使保护装置不能可靠动作或拒动，使故障扩大，因此要装设漏电监测系统以迅速发现故障。在 TN 系统中，根据保护零线是否与工作零线分开而划分为 TN-S 系统、TN-C 系统、TN-C-S 系统三种形式。

TN-C 系统设备外壳带电时，接零保护将漏电电流上升为短路电流，实际就是单相对地短路故障，熔丝会熔断或自动开关跳闸，使故障设备断电。TN-S 系统用电设备外壳通过 PE 线连接到电源中性点，与系统中性点共用接地体，且中性线（N 线）和保护线（PE 线）是分开的。正常工作时，PE 线无电流且对地无电压，N 线或有不平衡电流，该保护较为安全可靠。而 TN-C-S 系统入户前与 TN-C 系统类似，入户后分开为 N 线和 PE 线，相当于 TN-S 系统。

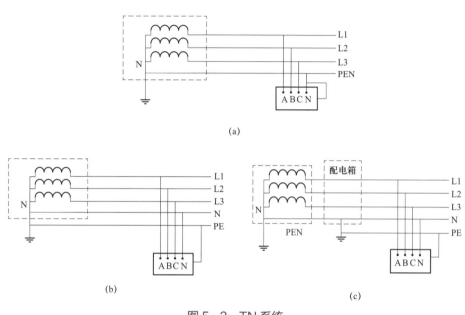

图 5-3　TN 系统

（a）TN-C 系统；（b）TN-S 系统；（c）TN-C-S 系统

5.1.2　非 TN-C 台区漏电处理

非 TN-C 台区主要包括 TT、IT 系统，该类型系统相较于 TN-C 系统重复接地下的台区，更容易监测或处理台区中的漏电。首先分析 TT 系统，TT 系统在变压器首端中性点直接接地，用电设备外壳也与大地直接相接，漏电电流的流出只有单一通道，只要装设相应的剩余电流动作保护器即可实现对用电设备漏电的处理，并且台区中应用此类系统较少。

对于 IT 系统的台区，国家标准与 IEC 60364 标准都明确要求安装绝缘监测装置，以避免在一次接地故障未能正常发现下又发生二次接地故障，导致用电设备经受线电压而烧毁。现有的绝缘监测装置原理大致相同，绝缘监测装置由上自下依次通过内部的耦合电阻、采样电路和信号源连接在 IT 系统相线与大地之间，由装置内部的信号源发送测量信号。若发生接地故障，测量信号将通过采样电阻、耦合电阻及接地电阻构成测量回路，最终可通过测量回路中的电流获得接地电阻大小。正常运行的 IT 系统对地的绝缘电阻趋于无穷大，故障后将大幅下降，从而可监测该类系统的故障状态。

5.1.3 TN-C台区漏电分析及监测

现阶段电网采用的低压台区大多是三相四线制的供电方式，且除变压器中性点采用直接接地以外，还在台区线路的必要节点对 PEN 线进行重复接地，可有效避免因 PEN 线断线带来的中性点偏移，造成相电压升至线电压而烧坏用电设备的问题。但因 TN-C 台区的重复接地，导致 PEN 线和 PEN 接地导体中同时存在漏电流和不平衡电流，两种电流难以区分，最终影响漏电判断。如图 5-4 所示为 TN-C 台区发生漏电故障示意图。

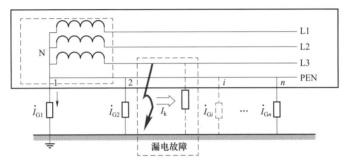

图 5-4　TN-C 台区发生漏电故障示意图

图中，$\dot{I}_{Gi}$ 表示第 i 条 PEN 接地导体的电流相量，其实际方向未确定，假定正方向向下；$\dot{I}_k$ 表示漏电故障时相线对地的电流相量。

1. **漏电故障理论分析**

将系统除接地部分当作一个整体（见图 5-4 黑色边框），当系统不存在漏电时，根据基尔霍夫电流定律，所有对地电流矢量和为零，即

$$I = \left| \sum_{i=1}^{n} \dot{I}_{Gi} \right| = 0 \tag{5-1}$$

当发生漏电故障后，将多出现一条对地电流通路 $\dot{I}_k$，依据式（5-1），所有 PEN 接地导体电流矢量和 $I = |\dot{I}_k| \neq 0$，即故障前 $I = 0$，故障后 $I = |\dot{I}_k| \neq 0$。因此，可通过该理论，将漏电流反映到各 PEN 接地导体上，从而获得漏电发生的判据，有效解决不平衡电流对漏电流的影响。

进一步讨论参考相位的改变对相量计算的影响。如图 5-5 所示，将所有相量绕原点作逆时针旋转 θ，则所有相量相对参考坐标系而言，各相量的相位都增加了 θ，而大小、等量关系未发生改变。

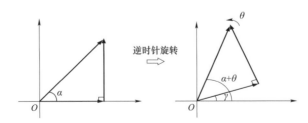

图 5-5　参考坐标系下的相位变化情况

2. 漏电监测方法分析

（1）获取数据。PEN 线连接点电压记为 U_i，PEN 接地导体电流大小记为 I_{Gi}，I_{Gi} 相对连接点 i 处电压 U_i 的相角差记为 $\Delta\varphi_{I_{Gi}-U_i}$，PEN 线相邻连接点间的电流记为 $I_{i,i+1}$，$I_{i,i+1}$ 相对连接点 i 处电压 U_i 的相角差记为 $\Delta\varphi_{I_{i+1}-U_i}$。

（2）选择 PEN 线连接点参考相位 φ_{U_i}，按式（5-2）计算下一点电压相位 φ_{U_j} 为

$$\begin{cases} U_i\cos\varphi_{U_i} - R_{ij}I_{ij}\cos(\Delta\varphi_{I_{ij}-U_i}+\varphi_{U_i}) = U_j\cos\varphi_{U_j} \\ U_i\sin\varphi_{U_i} - R_{ij}I_{ij}\sin(\Delta\varphi_{I_{ij}-U_i}+\varphi_{U_i}) = U_j\sin\varphi_{U_j} \end{cases} \quad (5-2)$$

其中，$j=i+1$，且 R_{ij} 为连接点 i 与连接点 j 之间的电阻。

（3）计算得到 $\dot{I}_{Gi}$。

I_{Gi} 通过测量得到；$\varphi_{I_{Gi}}$ 通过 $\varphi_{I_{Gi}} = \varphi_{U_i} + \Delta\varphi_{I_{Gi}-U_i}$ 计算获得。

将 $\dot{I}_{Gi}$ 代入式（5-1）进行验证，最终可实现对 TN-C 低压台区的漏电监测。

3. TN-C 低压台区重复接地下的仿真分析

为了验证 TN-C 低压台区重复接地下漏电监测方法的有效性，进行了该类型系统的 MATLAB/simulink 仿真分析，如图 5-6 所示是仿真电路。

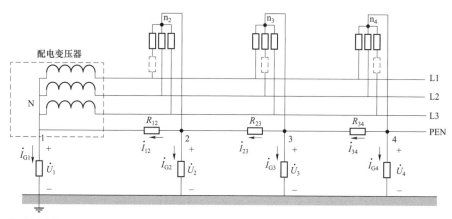

注：箭头方向为电流参考正方向。

图 5-6　TN-C 低压台区重复接地下漏电仿真电路

在 simulink 仿真软件搭建好模型后，设定漏电故障位于连接点 3、4 之间的 L3 上，发生时刻在 0.1s 处，仿真时间为 0.24s，获得漏电故障前后各对地导体电流 I_G 的波形以及电流 I 的波形，如图 5-7 所示。

从仿真出的波形中可以看出：故障发生前，由于负荷不平衡，不平衡电流会注入各连接点，各接地导体将出现微小的电流；故障后，相线对地存在回路，最终使接地导体电流整体增大。图 5-7（b）也反映故障前各对地导体电流之和 $I = 0$，故障后不为 0，验证了该参考电压相位的漏电监测方法有效，能准确监测出含有重复接地导体的 TN-C 台区的漏电情况。

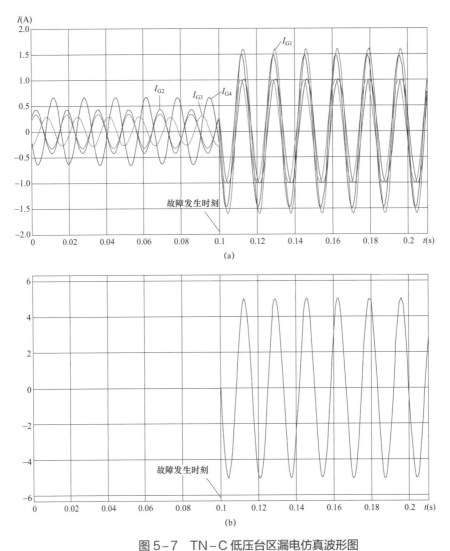

图 5-7 TN-C 低压台区漏电仿真波形图

（a）故障前、后各接地导体电流 I_G 波形；（b）故障前、后电流 I 波形

5.2 台区可靠性评估方法

配电网的可靠性评估指标已相对完善，可通过设备故障率或停电时间测算，但对低压配电网可靠性的评估并不能真正反映低压配电网的可靠性水平，其难点在于缺乏计算可靠性指标的数据。本节的可靠性评估以低压配电网的台区为基本单元，采用中低压故障互斥校验方法统计目标台区的停电时间、故障次数等数据，通过计算可靠性评估指标最终确定台区整体可靠性。该可靠性评估方法可为后续的低压馈线自动化研究提供指导。

5.2.1   中低压故障互斥校验

为准确地衡量低压配电网的可靠性，需尽可能地将中压及以上等级配电网因故障使下级低压配电网停电的情况排除，即进行中低压故障互斥校验，获取台区实际故障的统计值。现有的中低压配电网自动化覆盖率或上线率较低，因此采用单线图、采集终端和电能表停电事件数据等信息进行故障校验。

为便于展开说明，有如下几个定义：

（1）异常停电事件：停电事件中停电时间与复电时间不成对；复电时间早于停电时间；停电事件持续时间过短或过长。

（2）停电事件集合：包括停电事件序号 i，停电时间 t_i，停电用户数 n_i，停电时刻 f_i。

（3）同级相邻台区：相对于被统计台区，配电变压器高压侧连接在同一电压等级馈出线下的上、下游台区；当被统计台区位于馈出线首末两端时，同级相邻台区只有一个。

根据上述定义，假设中压等级断路器可准确切除台区任何故障，因此可获得被统计台区实际的故障停电时间 T_i、停电用户数 N_i 与停电次数 K，具体校验过程有如图 5-8 所示。

图 5-8 中，Q_{ni}、Q_{ti}、Q_{fi} 分别表示在停电事件集合 Q 中，第 i 个停电事件的停电用户数、停电时间、停电时刻；L_f、R_f 分别表示上、下游同级相邻台区停电事件集合的所有停电时刻；I 表示被统计台区停电事件总数，$I=\max\{i\,|\,i\in Q\}$。

5.2.2   低压配电网分段可靠性评估

开关优化配置的过程中，可靠性的评估主要是判断低压配电网配置开关前后系统供电可靠性的提升程度，可作为决定开关优化配置方案的重要约束指标。以低压配电网故障按距离平均分布为前提假设，经中低压互斥校验获得台区评估可靠性的数据后，低压台区的可靠性评估计算如下：

（1）台区平均故障停电频率期望值。台区用户在单位年度内的平均故障停电次数，记为 SAIFI，单位为次/（户·年），具体计算如下：

$$\mathrm{SAIFI}=\sum_{i=1}N_i/N \tag{5-3}$$

（2）台区平均故障停电时间期望值。台区用户在单位年度内的平均故障停电小时数，记作 SAIDI，单位为 h/（户·年），具体计算如下：

$$\mathrm{SAIDI}=\sum_{i=1}T_i\cdot N_i/N \tag{5-4}$$

（3）台区平均供电可靠率期望值。单位年度内，台区用户有效供电小时数与总供电小时数之比，记作 ASAI，具体计算如下：

$$\mathrm{ASAI}=\left(1-\frac{\mathrm{SAIDI}}{8760}\right)\times100\% \tag{5-5}$$

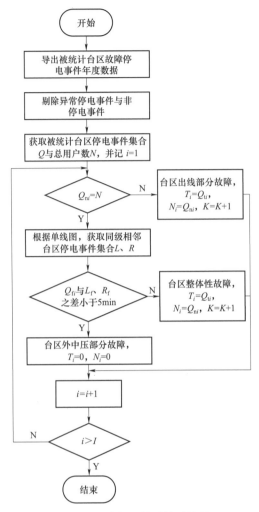

图5-8　中低压故障校验流程

根据台区总体可靠性评估，不仅可以指出开关配置方案是否满足低压配电网故障处理自动化建设或改造的预期目标，同时也为低压台区可靠性分析从数据获取到指标计算提供了具体方法。

5.2.3　台区可靠性评估算例分析

本算例选取台区故障停电事件记录和单线图进行分析，通过故障互斥校验流程，获取台区实际故障的统计值，将统计值代入可靠性评估指标计算，从而完成低压配电网分段可靠性评估。

算例选取被统计台区（A）2019年度的故障停电事件记录，并通过单线图确定其同级相邻的上游台区（B）和下游台区（C）。其中，被统计台区的无效事件（非停电事件）、异常停电事件、停电事件集合说明见表5-1～表5-3。

表 5-1　　　　　　　　　被统计台区无效事件与异常停电事件示例

测量点号	名称	事件产生时间	停电时间	复电时间	事件排除原因
0	E201000A	1900-00-00 00:00:00	ff-ff-ff ff:ff:ff	ff-ff-ff ff:ff:ff	无效事件
2	E201000A	2019-05-25 01:30	2019-05-24 14:01	2019-05-24 14:01	停电时间过短
5	E201000A	2019-05-25 01:32	2019-05-24 13:59	ff-ff-ff ff:ff:ff	停复电时间不成对
103	E201000A	2019-05-24 00:51	2018-11-01 13:22	2019-05-22 11:21	停电时间过长

表 5-2　　　　　　　　　　被统计台区停电事件集合

事件序号 i	停电时间 t_i（h）	停电时刻 f_i	停电用户数 n_i（户）
1	1.7	2019-01-07 10:34	42
2	2.4	2019-03-15 15:00	98
3	2.3	2019-06-24 01:09	37
4	1.8	2019-08-13 13:46	56
5	3	2019-09-24 16:04	98
6	2.6	2019-11-20 11:20	37
7	2	2019-12-03 09:32	42
8	2	2019-12-19 16:26	98

表 5-3　　　　　　同级相邻台区停电事件的所有停电时刻 L_f、R_f

事件序号 i	台区 B 停电时刻 L_f	台区 C 停电时刻 R_f
1	2019-03-15 14:59	2019-03-15 15:02
2	2019-05-20 11:32	2019-07-19 05:26
3	2019-08-19 14:26	2019-09-24 16:05
4	2019-09-24 16:02	2019-11-13 18:36
5	2019-11-15 15:50	2019-12-02 13:04
6	2019-11-24 01:09	—

　　表 5-2 为被统计台区 A 的 2019 年度停电事件集合，集合以停电事件为单位，统计了每一停电事件的停电时间、停电时刻与停电用户数。结合表 5-2、表 5-3 可知台区 A 在 2019 年共计发生了 8 次停电事件，而同级相邻台区 B 与台区 C 分别发生了 6 次和 5 次停电事件，且均存在两件停电事件的停电时刻与台区 A 相关联。经中低压故障互斥校验流程校验后，被统计台区 A 实际的故障停电时间 T_i、停电用户数 N_i 与停电次数 K 的结果见表 5-4。

表 5-4   被统计台区故障互斥校验数值

事件序号 i	停电时间 T_i（h）	停电次数 K（次）	停电用户数 N_i（户）
1	1.7	1	42
2	0	1	0
3	2.3	2	37
4	1.8	3	56
5	0	3	0
6	2.6	4	37
7	2	5	42
8	2	6	98

从表 5-4 中可以看出，事件 2 和事件 5 是由于中压故障导致台区 A 发生停电，因此事件 2 和事件 5 经故障互斥校验后被排除。剩余的其他停电事件均是由台区 A 的内部故障引发的，因此根据式（5-3）～式（5-5）计算，台区 A 的可靠性评估结果见表 5-5。

表 5-5   被统计台区可靠性评估结果

SAIFI ［次/（户·年）］	SAIDI ［h/（户·年）］	ASAI（%）
3.18	6.46	99.93

由表 5-5 可知，经中低压故障互斥校验，该台区的用户年均停电次数为 3.18 次，平均停电时间达到 6.46h，供电可靠率为 99.93%，低于低压配电网的整体平均水平。该被统计台区的可靠性评估结果为台区 A 内部故障下计算获得，排除了中压线路故障造成的台区停电事件，可以更为准确地衡量低压馈线自动化技术提升台区可靠性的效果。

5.3 基于拓扑识别的线损精细化分析方法

随着低压配电网的发展，拓扑结构变得复杂，在线路上产生的电能损耗也越发严重。受过去技术所限，目前线损的统计仅停留在台区一级，没有深入到具体的配电变压器出线及相线一级，甚至未能分辨出非本台区的电能表，给台区的线损统计带来很大误差，使统计结果起到的作用有限。本节将探究台区的线路拓扑辨识方法，进一步获悉台区内电能表所属的"变-线-相-户"拓扑关系，旨在实现台区内部的线损精细化分析，可准确合理地描述低压配电网的线损构成，为制定降损措施提供技术依据。

5.3.1 基于用户电压集群特性分析的"变-户"关系识别方法

该方法首先基于用户电压的相关性对用户进行自适应分类，在此基础上，利用电压集群特性找出"变-户"关系错误的用户；然后，基于地理信息系统，获取以目标台区为中心的邻近台区数据集，对"变-户"关系错误的用户进行再校验，将"变-户"关系错误的用户归属到正确的台区档案中。

5.3.1.1　用户电压集群特性分析

在实际台区获取了用户电能表的电压时间序列数据，其中部分用户的电压时间序列如图 5-9 所示，目标台区与非目标台区部分用户的电压时间序列如图 5-10 所示。图中横坐标 96 表示一天采集 96 次，每次采集数据间隔 15min。

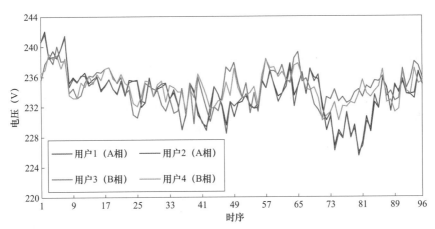

图 5-9　实际低压台区部分用户的电压时间序列

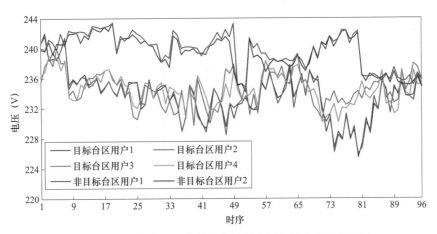

图 5-10　目标台区与非目标台区部分用户的电压时间序列

由图 5-9 可以直观地看出，相较不同相序的用户电压时间序列，同一相序用户的电压时间序列更相似。这是因为用户电压曲线波动主要受到两部分的影响，一部分是来自配电变压器出线侧各相低压母线的电压波动，另一部分则是受各相低压母线的综合负荷特性的影响。

在我国低压配电网中，由于网络结构及用电习惯不规律等因素的影响，三相不平衡问题时常出现，三相不平衡会使得配电变压器出线侧各相低压母线电压波动呈现不同的趋势，再者，虽然用户用电习惯呈现出不规律性的特点，但是，用户电压波动不会受到各自用电负荷的影响而改变电压波动趋势，而是受到该台区各相低压母线的综合负荷特性影响，最终潮流演变成同一相序用户的电压时间序列比不同相序用户的电压时间序列更相似。

进一步地，从图 5-10 可以看出，由于这两部分用户分别由不同的配电变压器供电，在空间上存在差异，因此，不但受到不同配电变压器各相低压母线电压波动差异的影响，而且综合负荷特性也受到各自台区用户的用电习惯影响。综上，由不同配电变压器供电的用户，其电压时间序列相似性较弱，即目标台区用户的电压时间序列相较非目标台区用户的电压时间序列更相似，体现了用户电压的集群特性。

5.3.1.2 基于皮尔逊相关系数的用户电压时序相似性度量

度量不同样本之间的相似性时，通常需要计算样本间的距离。而采用不同的计算方法将关系到算法的性能和准确性。一些常用的相似性度量方法有欧式距离、曼哈顿距离、切比雪夫距离、马氏距离、夹角余弦、皮尔逊相关距离等。本节采用皮尔逊相关系数度量电压时间序列的相似性。

皮尔逊相关系数定义为两个样本之间的协方差和标准差的商，即

$$\rho_{XY} = \frac{Cov(X,Y)}{\sigma_X \sigma_Y} = \frac{E[(X-\mu_X)(Y-\mu_Y)]}{\sigma_X \sigma_Y} \tag{5-6}$$

式中：X、Y 为两个样本的时间序列向量；$Cov(X,Y)$ 为两个样本时间序列向量的协方差；σ_X、σ_Y 分别为时间序列向量 X、Y 的标准差；ρ_{XY} 为样本 X 与 Y 的皮尔逊相关系数，其值介于 $-1 \sim 1$ 之间，ρ_{XY} 的绝对值越大，表示样本 X 与样本 Y 的相关性越强，反之则相反。

5.3.1.3 基于电压时序相似性分析的用户电能表自适应聚类方法

由于皮尔逊相关系数能度量两个样本间的相关程度，通过计算皮尔逊相关系数可得知两个样本用户电压时间序列的相关性，那么相关系数矩阵则可以反映样本集中各样本间的相关程度。据此，本节提出基于电压相关性的用户自适应分类方法，该分类方法的原则为"同类用户两两之间的相关系数应大于等于相关性阈值系数，异类用户两两之间的相关系数应小于相关性阈值系数"。分类目的是将若干同一相序且电气距离相对接近的用户归为一类，因此最终分类的结果为若干个不同相序的用户分类，同一分类的用户属于同一相序。

值得注意的是，相较其他的方法，本节所提的用户自适应分类方法，其相关性阈值系数不是一成不变的"经验值"，而是随着不同台区不同用户群的改变而改变，即不同的台区不同的用户，其电压时间序列相关性阈值系数是不同的。算法运用了迭代的思想，因此，只需要设定相关性阈值系数初值和迭代步长即可，分类算法的具体流程如图 5-11 所示。

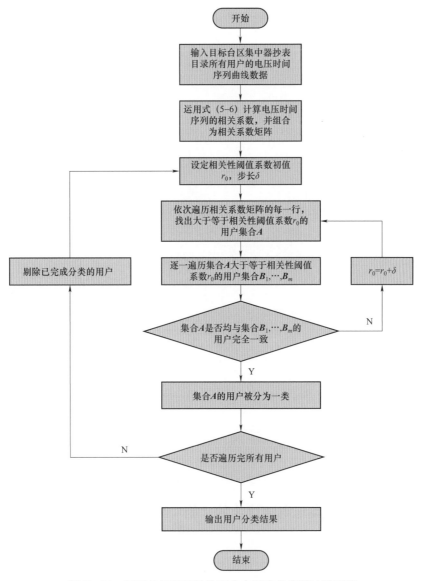

图 5-11　基于电压相关性的用户自适应分类算法流程图

5.3.1.4　基于电压集群特性分析的"变-户"关系识别流程

通过对以上用户电压的特性分析得知，由不同配电变压器供电的用户，在空间上表现出较强的集群特性。为了从离散程度和集中趋势两个方面衡量用户电压的集群特性，本节基于用户电压的皮尔逊相关系数矩阵，从集群的方差和均值两个角度着手，结合用户自适应分类方法，在此基础上，提出基于用户电压集群特性的台区"变-户"关系校验方法，据此找出"变-户"关系错误的用户，"变-户"关系校验算法流程如图 5-12 所示。

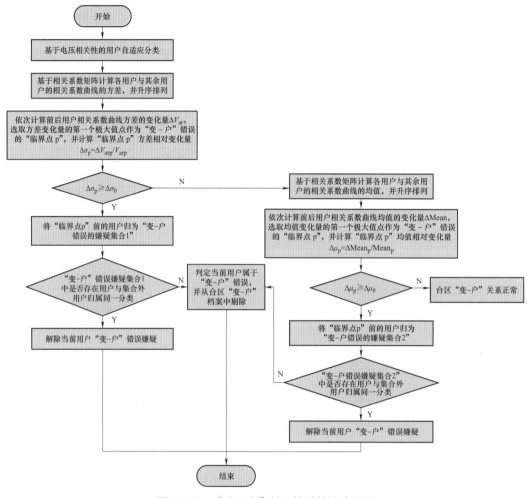

图 5-12　"变-户"关系校验算法流程图

5.3.2　基于电能表分类与电流优化的"相-线-户"关系识别方法

低压配电网的"相-线-户"拓扑关系对窃电预警、故障排查及三相不平衡等都具有重要意义。本节提出了基于电能表分类与电流优化的低压配电台区"相-线-户"关系识别方法。首先，基于基尔霍夫电流定律（KCL 定律）建立了"相-线-户"关系识别的二次规划模型。其中，模型采用了用户自适应聚类方法，通过对用户预分类有利于提高"相-线-户"关系识别二次规划模型求解的精度与效率。

5.3.2.1　基于 KCL 定律的"相-线-户"关系识别二次规划建模

KCL 定律指出所有进入某节点的电流的总和等于所有离开这节点的电流的总和。在低压配电网台区中，任一时刻，某一相线首端节点注入的有功电流值总等于该相线上所有电能表节点的流出有功电流值之和，即

$$I_l^t = \sum_{m \in \Omega_l} I_m^t, \quad l \in [A1, B1, C1, \cdots, Ae, Be, Ce], \quad t = [1, 2, \cdots, T] \tag{5-7}$$

式中：I_l^t 为 t 时刻配电变压器低压侧相线 l 的有功电流值；Ω_l 为归属配电变压器低压侧相线 l 上所有的电能表集合；I_m^t 为归属配电变压器低压侧相线 l 第 m 块电能表在 t 时刻的有功电流值。

在实际的低压配电网中，考虑到线路电能表窃漏电、电能表测量误差等问题，式（5-7）并不会严格成立。此时，某一相线首端有功电流与该相线上所有电能表的有功电流值的关系可修正为

$$I_l^t = \sum_{m \in \Omega_l} I_m^t + \xi_l^t \qquad (5-8)$$

式中：ξ_l^t 为 t 时刻的相线 l 有功电流误差量。

根据用户自适应聚类方法，可将用户进行预分类，各分类中的用户属于同一相线。同时，引入 0-1 变量 x 表征各分类的相线归属关系：若类别 g 属于待识别台区相线（φ, l），则 $x_g=1$，反之取为 0。则式（5-8）可转换为

$$I_l^t = \sum_{g=1}^{E} x_{g,l} I_g^t + \xi_l^t \qquad (5-9)$$

式中：I_g^t 为 t 时刻第 g 个电能表分类的有功电流值；$x_{g,l}$ 为表征第 g 类别与相线 l 归属关系的 0-1 变量。

令 $\boldsymbol{X}_l = [x_{1,l}, x_{2,l}, \cdots, x_{G,l}]^T$，$\boldsymbol{P} = [I_g^t]_{T \times G}$，$\boldsymbol{\xi}_l = [\xi_l^1, \xi_l^2, \cdots, \xi_l^T]^T$，$\boldsymbol{I}_l = [I_l^1, I_l^2, \cdots, I_l^T]^T$，定义矩阵 $\boldsymbol{Q}$、$\boldsymbol{X}$、$\boldsymbol{\xi}$、$\boldsymbol{I}$ 见式（5-10）。

$$\boldsymbol{Q} = \begin{bmatrix} \boldsymbol{P} & \cdots & 0 \\ \vdots & \ddots & \vdots \\ 0 & \cdots & \boldsymbol{P} \end{bmatrix}, \boldsymbol{X} = \begin{bmatrix} X_{A1} \\ \vdots \\ X_{Ce} \end{bmatrix}, \boldsymbol{\xi} = \begin{bmatrix} \xi_{A1} \\ \vdots \\ \xi_{Ce} \end{bmatrix}, \boldsymbol{I} = \begin{bmatrix} I_{A1} \\ \vdots \\ I_{Ce} \end{bmatrix} \qquad (5-10)$$

式（5-10）的矩阵形式表达如下：

$$\boldsymbol{QX} + \boldsymbol{\xi} = \boldsymbol{I} \qquad (5-11)$$

此时，"相-线-户"关系识别问题转化为 0-1 变量求解问题，为求解 $\boldsymbol{X}$ 构建如下优化模型：

$$\min f = \|\boldsymbol{I} - \boldsymbol{QX}\|_2^2$$
$$\text{s.t.} \sum_{l \in L} x_{g,l} \leqslant 1, \ \forall g = 1, 2, \cdots, G \qquad (5-12)$$
$$x_{g,l} \in \{0,1\}$$

式（5-12）是一个 0-1 整数二次规划问题，为加强可解性，将式（5-12）中的整数变量松弛为连续变量，即 $x_{u,l} \in \{0, 1\}$ 改为 $x_{u,l} \in [0, 1]$。由此转换为二次规划问题。在该模型中，基于二次规划问题计算得到的 $\boldsymbol{X}$ 矩阵元素包含小数，而采集数据时刻 T 越多，小数值将越接近 0 或 1，识别结果越准确。为明确"相-线-户"关系，需要将 $\boldsymbol{X}$ 矩阵中的小数值转化成 0-1 值，即

$$x_{u,l}^{\mathrm{INT}} = \begin{cases} 1, & \left|x_{u,l}-1\right| \leqslant \left|x_{u,l}\right| \\ 0, & \left|x_{u,l}-1\right| > \left|x_{u,l}\right| \end{cases} \qquad (5-13)$$

由此可得到各电能表分类的"相－线－户"关系，而同一类别下的电能表属于相同相线，因此可得到各电能表的"相－线－户"关系。基于 KCL 定律的"相－线－户"关系识别方法流程图如图 5－13 所示。

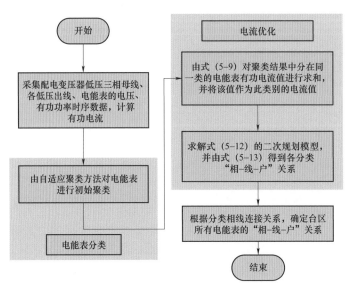

图 5-13　基于 KCL 定律的"相－线－户"关系识别方法流程图

5.3.2.2　"相－线－户"关系识别鲁棒改进机制

在二次规划模型中引入用户电能表自适应聚类机制，具有以下两个方面的优势：

（1）对于规模较大的低压配电台区，用户电能表自适应聚类机制能够对电气距离相近的用户进行预分类，有效减少模型求解规模，提高求解效率。

（2）实际低压配电台区中广泛存在空房用户，而空房用户电流时序特征较不明显，通过用户电能表的自适应聚类，合并空房用户，以分类大电流的显著特征掩盖空房用户无电流特征，有助于提高模型的求解精度。

然而，结合电压时空特性可知，靠近配电变压器低压侧首端同相不同出线间的电能表相似性也较高，且当配电变压器低压侧母线三相电压差异度越小时，靠近配电变压器低压侧同相不同出线的首端电能表相似性越高，进而导致自适应聚类存在错误，影响模型的识别准确率。

为避免上述问题，增加同相不同出线电能表研判机制，通过分析各电能表与配电变压器低压侧各相母线间的电压时序相关性，识别靠近配电变压器低压侧母线的电能表，并将其单独拆分成一个分类，具体步骤如下：

（1）步骤 1：基于式（5－6）计算各电能表与配电变压器低压侧各相母线的电压曲线相关系数矩阵 $\boldsymbol{R}^1$，见式（5－14）。

$$\boldsymbol{R}^{1} = \begin{bmatrix} r_{\mathrm{A},1}^{1} & \cdots & \cdots & \cdots & r_{\mathrm{A},M}^{1} \\ \vdots & \ddots & & & \vdots \\ \vdots & & r_{\varphi,m}^{1} & & \vdots \\ \vdots & & & \ddots & \vdots \\ r_{\mathrm{C},1}^{1} & \cdots & \cdots & \cdots & r_{\mathrm{C},M}^{1} \end{bmatrix}, \quad \varphi \in \{\mathrm{A},\mathrm{B},\mathrm{C}\}, \quad m = [1,2,\cdots,M] \qquad (5-14)$$

式中：$r_{\varphi,m}^{1}$ 为配电变压器低压侧 φ 相母线与电能表 m 的电压相关系数。

（2）步骤 2：提取 $\boldsymbol{R}^{1}$ 中每一行的元素值，并按数值由大到小对元素进行排序，得到 3 个向量，其中第 φ 个向量 $\boldsymbol{O}_{\varphi} = [o_{\varphi,1},\cdots,o_{\varphi,m},\cdots,o_{\varphi,M}]$。$o_{\varphi,m}$ 对应 $\boldsymbol{R}^{1}$ 矩阵中的 $r_{\varphi,m}^{1}$。

（3）步骤 3：定义相关系数变化率指标 χ，度量不同用户间的相关性距离，见式（5-15）。对步骤 2 的 3 个向量，计算每个向量中第一个元素与其他元素之间的 χ，得到 3 个相关系数变化率向量，$\boldsymbol{O}_{\mathrm{C}\varphi} = [\chi_{\mathrm{C}\varphi,0},\cdots, \chi_{\mathrm{C}\varphi,m-1},\cdots, \chi_{\mathrm{C}\varphi,M-1}]$。

$$\chi = \frac{\left| r_{\varphi,u}^{1} - r_{\varphi,v}^{1} \right|}{r_{\varphi,v}^{1}} \times 100\% \qquad (5-15)$$

（4）步骤 4：设定相关系数变化率阈值为 χ_{0}，若 $\chi_{\mathrm{C}\varphi,m} \geqslant \chi_{0}$，则认为电能表 m 为靠近配电变压器低压侧母线的电能表。

一个 χ_{0} 值可筛选出一个靠近配电变压器首端的电能表集合 Ω，因此可通过限定 Ω 中的元素个数来确定 χ_{0} 值。一般地，由步骤 1 和步骤 2 开展的电能表初始分类结果中，受首端电能表电压相似性较高的影响，被错误聚类的表数占总表数的 5%~8%。因此 Ω 中的元素个数可约束为总表数的 5%~8%。

（5）步骤 5：根据上述步骤筛选得到疑似同相不同出线首端电能表，将其从原始分类中拆分出来作为一个单独分类。

5.3.3　台区线损精细化分析

根据完整的台区拓扑关系，可以准确计算出台区整体的线损率，还可以将线损进一步推算到具体的出线或所属的相线中，从而达到对台区线损的精细化分析。本节采用的评估指标为统计线损率，该指标可直接反映电网企业的实际经济效益，也是各网、省、地市供电部门对所管辖或调度范围内的电网各供、售电量表统计的常用方式。具体台区的统计线损计算公式如下：

$$\begin{cases} 统计线损率 = \dfrac{统计线损电量}{供电量} \times 100\% \\ 供电量 = 配电网供电量 + 输入电量 - 输出电量 + 购入电量 \\ 统计线损电量 = 供电量 - 售电量 \end{cases} \qquad (5-16)$$

其中：配电网供电量是指配电网向台区供应的电量；输入电量是指其他台区输入的电量；输出电量是指送往其他台区的电量；购入电量是指除配电网供电量以外的上网电量，如光伏、风能等分布式电源供入系统的电量（凡分布式电源送出电量不应和配电网送入电量抵冲，电网送入含有分布式电源的用户的电量一律计入售电量）；售电量是指所有用户的抄表电量。

根据式（5-16），结合台区的线路拓扑关系，可将线损统计细化到每一相和每一出线上。通过对线损的细化分析，能够发现线路损耗较大的区段，为线路改造提供依据，同时还可以快速锁定台区内的窃电行为，有效避免国有资产的流失。

（1）台区统计线损率。该指标用于从整体上准确评估台区的线损率。台区统计线损率的计算，首先需要经线路拓扑识别，排除非本台区的电能表，补充原有台区档案遗漏的电能表，避免出现统计误差，造成结果偏离实际，起不到评估的作用；其次，根据式（5-16）可计算台区的统计线损率，当线损率处于非正常水平时，继续细化线损分析，找到影响线损的主要因素。

（2）出线统计线损率。该指标是对台区线损率的进一步细化，用于定位线损较大的出线位置。出线统计线损率的计算要晚于台区统计线损率，且只有在保证台区统计线损率正确的前提下才有意义。计算公式见式（5-16），但所涉及的变量说明要做如下变化：

1）配电网供电量是指台区对应出线首端所计算的总电量；

2）输入电量是指对应出线与其他台区联络的输入电量；

3）输出电量是指对应出线与其他台区联络的输出电量；

4）购入电量是指除配电网供电量外在台区对应线路的上网电量，如光伏、风能等分布式电源供入该线路的电量；

5）售电量是指位于对应出线的抄表电量。

（3）相线统计线损率。相线统计线损率实际上可分为台区的相线统计线损率与出线的相线统计线损率，前者是对台区线损率的进一步细化，与出线统计线损率为同一级；而后者是对出线统计线损率的进一步细化，能够将线损分析更小范围地定位到所在出线的相线上。计算公式见式（5-16），但所涉及的变量说明要做如下变化：

1）配电网供电量是指台区（出线）对应相线首端所计算的总电量；

2）输入电量是指对应相线与其他台区联络的输入电量；

3）输出电量是指对应相线与其他台区联络的输出电量；

4）购入电量是指除配电网供电量外在台区（出线）对应相线的上网电量，如光伏、风能等分布式电源供入该线路的电量；

5）售电量是指位于对应相线的抄表电量。

5.3.4 线损精细化分析算例

本算例对实际台区进行分析，在进行拓扑识别算法校验后，获得台区抄表目录中电能表的"变-线-相-户"归属情况。在电能表拓扑关系中进行统计线损率的计算，其中包括台区、出线及相线三级的统计线损率，并对比未经拓扑识别下的台区线损率，分析线损精细化分析的优势。

选择台区某日抄表目录对应电能表数据，经拓扑识别算法分析得到电能表归属关系，经统计后数据见表 5-6，出线的相序统计数据见表 5-7。

表 5-6　　　　　台区对应抄表目录下经拓扑识别后电能表统计数据

电能表	台区电能表		归属错误电能表		出线 1 电能表	
	数量（块）	总电量（kWh）	数量（块）	总电量（kWh）	数量（块）	总电量（kWh）
单相电能表	160	740.25	4	5.87	24	82.93
三相电能表	18	257.41	0	0	1	103.98
合计	178	997.66	4	5.87	25	186.91

电能表	出线 2 电能表		出线 3 电能表	
	数量（块）	总电量（kWh）	数量（块）	总电量（kWh）
单相电能表	131	647.09	1	4.36
三相电能表	15	101.4	2	52.03
合计	146	748.49	3	56.39

表 5-7　　　　　　台区各回出线对应相序电能表统计数据

相序		A 相		B 相		C 相	
		数量（块）	总电量（kWh）	数量（块）	总电量（kWh）	数量（块）	总电量（kWh）
出线 1	单相电能表	3	10.97	5	20.28	16	51.68
	三相电能表	1	34.34	1	34.88	1	34.76
	合计	4	45.31	6	55.16	17	86.44
出线 2	单相电能表	28	128.88	53	292.94	50	225.27
	三相电能表	15	48.43	15	25.98	15	26.99
	合计	43	177.31	68	318.92	65	252.26
出线 3	单相电能表	0	0	0	0	1	4.36
	三相电能表	2	13.87	2	19.92	2	18.24
	合计	2	13.87	2	19.92	3	22.6

注　每回出线的三相电能表数量按挂接到对应相线的单向电能表统计。

在查询计量系统后，可获知该台区当日的供入电量为 1071.96kWh，供出电量为 997.66kWh。结合表 5-6 和表 5-7 台区电能表的已知信息，按照台区、出线和相线统计线损率的计算公式，最终可获得更为精细的台区线损分布情况。计算结果见表 5-8，其中配电变压器的出线装设有出线单元，可计算各回出线及相线的电量情况。

表 5-8　　　　　　　　　精细化分析前后统计线损率计算结果

分析方法		供入电量（kWh）	供出电量（kWh）	损失电量（kWh）	统计线损率（%）
原有分析	台区整体	1071.96	997.66	74.3	6.93
精细化分析	台区整体	1071.96	991.79	80.17	7.48
	出线1 整体	195.52	186.91	8.61	4.40
	出线1 A相	47.03	45.31	1.72	3.66
	出线1 B相	57.02	55.16	1.86	3.26
	出线1 C相	91.47	86.44	5.03	5.50
	出线2 整体	817.08	748.49	68.59	8.39
	出线2 A相	207.50	177.31	30.19	14.55
	出线2 B相	343.83	318.92	24.91	7.24
	出线2 C相	265.74	252.26	13.48	5.07
	出线3 整体	59.39	56.39	3	5.05
	出线3 A相	14.66	13.87	0.79	5.39
	出线3 B相	20.95	19.92	1.03	4.92
	出线3 C相	23.78	22.60	1.18	4.96

经线损精细化分析后，排除了原有不属于本台区的电能表，合计电量 5.87kWh，台区统计线损率相较原来上升了 7.94%，更为准确地反映了台区的整体线损水平。根据 Q/CSG 2 1001—2008《线损四分管理标准》的规定，城网低压台区线损率大于 8%，农村电网低压台区线损率大于 11%，波动幅度超过同期值或计划指标的 20%时，台区处于异常。通过线损精细化分析后，可进一步获知配电变压器出线及出线相序的线损水平，其中台区及出线统计线损率基本处于合理水平，但出线 2 的 A 相的线损率异常，需要现场确认异常原因。综上，通过线损精细化分析可以定位台区线损异常位置。

5.4 台区三相不平衡负荷换相方法

低压台区中三相和单相用电设备共存，且以单相用电设备为主，由于负荷用电行为的不一致性，造成低压配电网在实际运行中常出现三相不平衡的情况。本节针对低压台区三相不平衡问题制定负荷换相方法，旨在实现三相不平衡的在线监测、分析和辅助决策，为电能表换相以降低三相不平衡度提供指导依据。

5.4.1 三相不平衡评估指标

国际上多规定三相电压不平衡度作为衡量电网三相不平衡程度的指标，而在实际运行分析中，常改用三相电流不平衡度作为指标，其计算方法基本上与三相电压不平衡度的计算方法一致，现对常用的三相电流不平衡度的计算方法进行对比分析。

GB/T 15543—2009《电能质量　三相电压》中所规定的三相电压不平衡度计算方法与国际电工委员会（IEC）的定义一致，与此对应的三相电流不平衡度计算公式见式（5-17）、式（5-18）。由于采用该方法计算正、负序分量必须测出各电流相量的大小及其相位，对测量精度要求较高，且运算较为烦琐，而在实际工作中，往往只能知道电流的大小，因此该计算方法具有一定的难度与局限性。

$$负序不平衡度：\quad \varepsilon_{I_2} = \frac{I_2}{I_1} \times 100\% \tag{5-17}$$

$$零序不平衡度：\quad \varepsilon_{I_0} = \frac{I_0}{I_1} \times 100\% \tag{5-18}$$

式中：I_1、I_2、I_0 分别为正、负、零序电流。

为了解决上述方法的不足，脱离测量精度和运算难度的限制，很多国际组织开始对不平衡度重新进行定义，作为其内部行业标准来使用，常见的有以下几种方式：

1. Q/GDW 1519—2014《配电网运维规程》

按照 Q/GDW 1519—2014《配电网运维规程》的规定，三相电流不平衡度为三相电流最大差值与最大电流值之比，见式（5-19）。

$$\varepsilon_1 = \frac{I_{max} - I_{min}}{I_{max}} \times 100\% \tag{5-19}$$

式中：I_{max} 为三相电流中的最大值；I_{min} 为三相电流中的最小值。

2. IEEE Std 112—2017 *Standard test procedure for polyphase induction motors and generators*

按照 IEEE Std 112—2017 的规定，三相电流不平衡度为三相电流和平均电流值差值最大值与平均电流值之比，见式（5-20）。

$$\varepsilon_2 = \frac{\max\left\{|I_A - I_{ave}|, |I_B - I_{ave}|, |I_C - I_{ave}|\right\}}{I_{ave}} \times 100\% \tag{5-20}$$

式中：I_A、I_B、I_C 分别 A、B、C 相电流值；I_{ave} 为三相电流平均值。

3. IEEE Std 936—1987 *Guide for self-commutated converters*

按照 IEEE Std 936—1987 的规定，三相电流不平衡度为电流最大差值与最大电流值之比，见式（5-21）。

$$\varepsilon_1 = \frac{I_{max} - I_{min}}{I_{ave}} \times 100\% \tag{5-21}$$

式中：I_{max} 为三相电流中的最大值；I_{min} 为三相电流中的最小值；I_{ave} 为三相电流平均值。

上述方法均在一定程度上简化了三相电流不平衡度的计算，且对测量精度的要求较低。在本节的相关分析中，三相电流不平衡度的计算采用的是 Q/GDW 1519—2014《配电网运维规程》所规定的计算方法。

5.4.2 三相不平衡负荷换相模型和算法

本节以三相有功不平衡度为衡量指标，通过采集配电变压器首端的负荷曲线与台区电能表的负荷曲线，建立三相不平衡负荷换相模型，并考虑计算难度提出实用的计算方法。具体步骤包括：

（1）收集台区配电变压器首端 A、B、C 三相的负荷曲线和台区内电能表的负荷曲线，首端 α 相的有功功率曲线记为 $P_\alpha=[P_\alpha(1),P_\alpha(2),\cdots,P_\alpha(j),\cdots,P_\alpha(96)]$，电流曲线记为 $I_\alpha=[I_\alpha(1),I_\alpha(2),\cdots,I_\alpha(j),\cdots,I_\alpha(96)]$，α 相上第 i 个电能表有功功率曲线记为 $P_{\alpha i}=[P_{\alpha i}(1),P_{\alpha i}(2),\cdots,P_{\alpha i}(j),\cdots,P_{\alpha i}(96)]$，第 i 个电能表的电流曲线记为 $I_{\alpha i}=[I_{\alpha i}(1),I_{\alpha i}(2),\cdots,I_{\alpha i}(j),\cdots,I_{\alpha i}(96)]$，其中 α=A,B,C，记为配电变压器出线首端第 j 个有功功率测量点集合 $P(j)=[P_A(j),P_B(j),P_C(j)]$。

（2）根据首端有功功率曲线计算配电变压器首端出线的最大三相不平衡度 ξ_P，计算公式如下：

$$\begin{cases} \xi_P(j)=\dfrac{\max\{P|P\in P(j)\}-\min\{P|P\in P(j)\}}{\max\{P|P\in P(j)\}}\times100\% \\ \xi_P=\max\{\xi_P(1),\cdots,\xi_P(j),\cdots,\xi_P(96)\} \end{cases} \quad (5-22)$$

（3）记最大不平衡度 $\xi_P=\xi_P(k)$，假设有 $P_A(k)>P_B(k)>P_C(k)$，分别将三相上的电能表按对应时刻 k 的有功功率大小做降序排列，则可以从 A 相中选出前 n 块电能表，从 B 相中选出前 m 块电能表，具体电能表选择依据如下：

$$\begin{cases} P_A(k)-P_C(k)-\delta\leqslant\sum_{i=1}^{n}P_{Ai}(k)\leqslant P_A(k)-P_C(k)+\delta \\ P_B(k)-P_C(k)-\delta\leqslant\sum_{i=1}^{m}P_{Bi}(k)\leqslant P_B(k)-P_C(k)+\delta \end{cases} \quad (5-23)$$

式中：δ 为允许误差，且 $\delta>0$。

（4）剔除 A、B 相 $n+m$ 块电能表后，重新计算配电变压器首端的三相电流负荷曲线 $I_\alpha^t=[I_\alpha^t(1),I_\alpha^t(2),\cdots,I_\alpha^t(j),\cdots,I_\alpha^t(96)]$，$I_\alpha^t(j)$ 的具体计算公式如下：

$$I_\alpha^t(j)=I_\alpha(j)-\sum_i I_{\alpha i}(k),\alpha=\text{A,B} \quad (5-24)$$

（5）将所选出的电能表按对应时刻 k 的电流大小做升序排列，分别记为 I_i，i=1~$(n+m)$，并设 X_i、Y_i、Z_i 分别为第 i 个电能表连接到 A、B、C 三相的状态变量，当 $X_i=1$ 时，电能表 i 置于 A 相；当 $X_i=0$ 时，电能表 i 不置于 A 相，Y_i 与 Z_i 同理。

（6）评估所选电能表放于 A、B、C 三相的方案，以降低台区的三相不平衡情况，具体评估目标及约束见式（5-25）。

$$\text{obj}:\min\sum_{j=1}^{96}\left(\frac{\max\{I,I\in I(j)\}-\min\{I,I\in I(j)\}}{\max\{I,I\in I(j)\}}\right)^2$$

$$\text{s.t.}\begin{cases} I_A^n(j) = I_A^t(j) + \sum_{i=1}^{n+m} X_i \cdot I_i(k) \\[2mm] I_B^n(j) = I_B^t(j) + \sum_{i=1}^{n+m} Y_i \cdot I_i(k) \\[2mm] I_C^n(j) = I_C^t(j) + \sum_{i=1}^{n+m} Z_i \cdot I_i(k) \\[2mm] \boldsymbol{I}(j) = [I_A^n(j), I_B^n(j), I_C^n(j)] \\[2mm] X_i + Y_i + Z_i = 1, i = 1, 2, \cdots, (n+m) \\[2mm] X_i, Y_i, Z_i \in \{0,1\} \end{cases} \quad (5-25)$$

5.4.3　三相不平衡负荷换相算例

本节算例收集了配电变压器首端及台区电能表的负荷特性曲线数据，并根据数据计算了配电变压器首端的三相不平衡度，如图 5-14 所示。

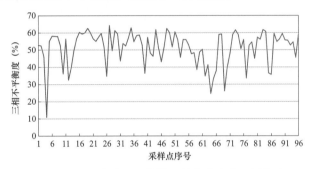

图 5-14　配电变压器首端三相有功功率不平衡度

由计算及曲线可知，位于第 27 个测量点的三相不平衡度最大。根据三相不平衡评估方案所述步骤，该算例需从 B、C 相选取用户电能表重新分配，以降低台区的三相不平衡程度。由于电能表数据量较大且叙述的必要性较小，具体的电能表选取及分配过程不再描述，仅对比分析评估方案调整前后的三相不平衡程度变化情况。图 5-15 为方案调整前配电变压器首端三相电流曲线，图 5-16 为方案调整后配电变压器首端三相电流曲线。

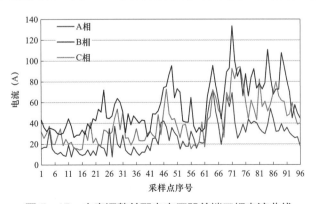

图 5-15　方案调整前配电变压器首端三相电流曲线

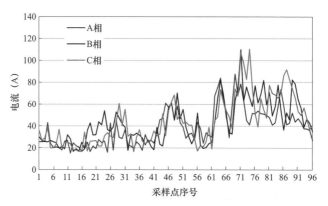

图 5-16 方案调整后配电变压器首端三相电流曲线

对比图 5-15 与图 5-16，根据三相不平衡负荷换相方案调整后，A、B、C 三相电流曲线的吻合度增大，仅在相邻的几个刻度间（每个刻度间隔代表 15min）存在某一相电流幅值波动较大的情形，但相较于方案调整前也有显著下降。因此，经过换相方法调整后，总体上台区的三相不平衡度得到明显改善。

5.5 本章小结

本章研究了智能台区的监测和分析技术，为农村智能台区建设提供了监测层面的功能支撑，具体研究内容包括以下几个方面：

（1）台区漏电监测。介绍了系统接地类型对台区漏电的影响，分析得出 IT 系统适用于对可靠性要求较高的场合，可保证供电的连续性；TT 系统适用于对用电设备的保护，保证用户安全使用电器。

针对较为复杂的 TN-C 系统，本章提出的基于电压参考的漏电识别算法，能有效区别于剩余电流动作保护装置，可解决不平衡电流对漏电流的影响，并通过仿真验证了该算法的有效性。

（2）台区可靠性评估。提出了中低压故障互斥校验的流程，解决了在低压配电网中计算可靠性的数据不完善问题。并借助中压配电网的可靠性评估指标，较为准确地计算了低压台区的可靠性，且给出的算例验证了该校验流程的有效性，可为后续馈线自动化的研究提供指导。

（3）线损精细化分析。研究了电压集群特性，通过台区用户电压时间序列的相似性可区分"变-户"关系，并提出了皮尔逊相关系数度量该曲线的相似性，依据该系数建立了"变-户"关系的识别流程。

针对"相-线-户"拓扑关系求解，采用基于有功电流的基尔霍夫电流定律，建立了最小二乘法求解拓扑关系，并在二次规划建模的基础上提出了一种基于电压时空特性的电能表聚类方法。

基于拓扑识别的结果，给出了"变－线－相"三级的统计线损计算规则，并通过算例对台区的线损进行精细化分析，结果表明该分析方法可定位线损异常的区间，并指导整改建议。

（4）三相不平衡负荷换相。提出了三相不平衡的负荷换相模型及具体流程，并根据该方法给出了三相不平衡的负荷换相算例，算例结果表明经过该方法调整后台区三相不平衡程度可以显著降低。

第6章 农村低压智能配电网的电能质量治理技术

本章将衔接上一章内容，侧重研究农村智能台区电能质量治理的自治控制策略，共同解决当前台区存在的智能化水平不足的问题，为台区建设提供控制层面的功能支撑。结合农村电网突出问题及建设模式中的功能要求，具体的控制策略包括台区电压调控、三相不平衡治理及无功优化。

6.1 偏远供电台区电压调控方法

低压配电网电压控制除了满足基本的电压调控需求之外，还应尽量改善低压线路的无功潮流分布，减少低压配电网中的线损。由于低压配电网控制手段相对匮乏，配电线路实际情况复杂多样，因此目前低压配电网的电压控制较为粗略，如调压器、电容器等设备仍较多地采用传统的自动控制，且目前低压线路电压调控设备的运维和监控存在不足，无法及时掌握补偿设备的动作运行情况，造成电压调控和节能降损效果欠佳。

在变电站中进行变压器挡位调节和无功补偿时，需考虑电压波动对无功的影响以及无功补偿后对电压的抬升等因素，从时间配合和边界值的角度考虑两者的协调，避免频繁动作和投切震荡问题，如采用改进九区图的方式进行控制。但在低压配电网电压治理应用中，常常由于测控和通信设施不够完备，缺少进行联合协调控制的基础。

考虑到目前的问题和现状，基于分区无功平衡的控制原则和分层自下而上的控制理念，本节集成调压器和无功补偿装置，提出一种线路无功电压智能调节的自治控制策略，以电压不越限为约束条件，以电压和无功功率（功率因数）作为测量和判断依据，协调调压器和电容器以实现就地自律控制，目标是维持输出电压在合格范围内，并实现无功基本平衡。该自治控制策略包括调压器的电压改进控制和电容器的无功自治控制。

6.1.1 调压器电压改进控制

调压器是一种利用变压器和线圈进行电压补偿的装置，根据抽头的挡位不同具备不同程度上的升降压功能，传统的调压器动作策略为：

在输入电压低于所整定的电压下限时，调压器投入运行，运行挡位为升压挡，如图 6-1（a）所示；当输入电压高于整定电压上限时，调压器投入运行，运行挡位为降压挡，如图 6-1（b）所示；当电压位于整定电压上下限之间时，调压器旁路运行，不进行调压。

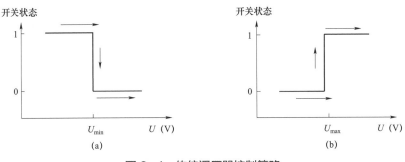

图 6-1　传统调压器控制策略

（a）调压器升压动作；（b）调压器降压动作

虽然此调压策略能根据不同输入电压情况，通过调压器挡位调节控制输出电压保持在合格的水平内，缩小输出电压的运行区间，减小输出电压落差，但当输入电压在整定值附近波动时，容易造成调压器的振荡动作，造成输出电压的频繁波动，影响电压质量，影响调压器的使用寿命。因此，可以借鉴磁滞回线原理，在整定的电压运行上下限值附近设置一个动作死区，当电压位于动作死区内时，调压器不动作。调压器电压改进控制策略如图 6-2 所示。

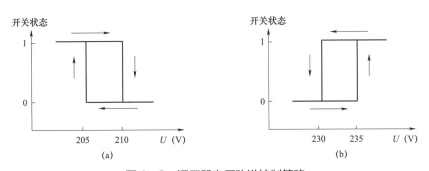

图 6-2　调压器电压改进控制策略

（a）升压调压器输入电压整定区间；（b）降压调压器输入电压整定区间

为更好地解决线路低压问题，需要适当放宽调压器动作触发条件，因此设定调压器动作下限为 205V，而上限取国家规定的 220V 电压合格范围上限 235V。设置电压下限动作死区为 205～210V，电压上限动作死区为 230～235V。由图 6-2 可知，在调压器测量点输入电压低于 205V 时，调压器投入运行，输出电压将被抬升；当输入电压高于 210V 时，调压器退出运行。同理，当调压器测量点输入电压高于 235V 时，调压器动作，降低输出电压至合格范围内；当输入电压低于 230V 时，调压器旁路运行，输出电压与输入电压一致。为了进一步防止由于调压器可能的频繁动作造成输出电压的频繁大幅度波动，也可设置调压器动作闭锁，即在调压器上一次动作后，将调压器动作机构闭锁一个整定的时间，在该时间段内，无论输入电压如何，调压器都不再动作。

6.1.2　电容器无功自治控制

目前的无功补偿电容器基本都具备自动投切功能，但在传统的逻辑下，电容器的控制目标只是基本平衡本地的无功功率，本地功率因数一般控制在滞后的 0.90～0.95 之间。在低压线路中，电容器采取滞后的功率因数控制，只能对线路后端的部分无功功率进行补偿，而前端的无功负荷仍需配电变压器首端进行下送补偿，造成较大的电压降落和线路损耗，存在一定的电压水平提升和节能空间。因此，基于经济压差无功电压控制原理，提出电容器改进控制策略。该方法根据补偿点的功率因数以及与配电变压器的距离，将接入点后的线路无功补偿对接入点前线路的无功电压耦合强度分为强、中、弱三种，根据不同影响强度选择相应的功率因数控制区间，结合电压优先判据进行电容器的投切控制，从而提高低压线路的节能降损效果和改善电压质量。

电容器无功自治控制策略具体步骤包括：

（1）获取线路长度 L_1，安装点与线路首端的距离为 L_2；

（2）测量线路中电容器安装点的自然功率因数 $\cos\varphi$ 和线电压 U_C；

（3）运用式 $\eta=\cos\varphi L_2/L_1$，计算得出补偿点前后的无功耦合度 η；

（4）根据 η 的大小将接入点后的线路无功补偿对接入点前线路的无功电压耦合强度分为强、中、弱；

（5）依据不同影响强度的无功补偿差异制定三组功率因数控制区间上下限；

（6）根据不同影响强度选择相应的功率因数控制区间，结合电压判据进行电容器的投切控制。

不同影响强度下的功率因数控制分区见表 6-1。

表 6-1　　　　　　　　　不同影响强度下的功率因数控制分区

无功耦合度 η（%）	$\eta<50$	$50\leqslant\eta\leqslant66.6$	$\eta>66.6$
比值判定	弱	中	强
功率因数控制区间	超前 0.99～超前 0.96	超前 0.97～超前 0.94	超前 0.95～超前 0.92

6.1.3　无功电压调节自治控制

为更好地实现低压配电网的电压调控，改善低压配电网无功功率分布，降低配电网运行损耗，基于提出的线路无功电压智能调节的核心控制策略，即调压器电压改进控制和电容器无功自治控制策略，计及两种策略调控时无功电压的耦合相互影响，提出线路无功电压智能调节整体的自治控制策略，流程图如图 6-3 所示。

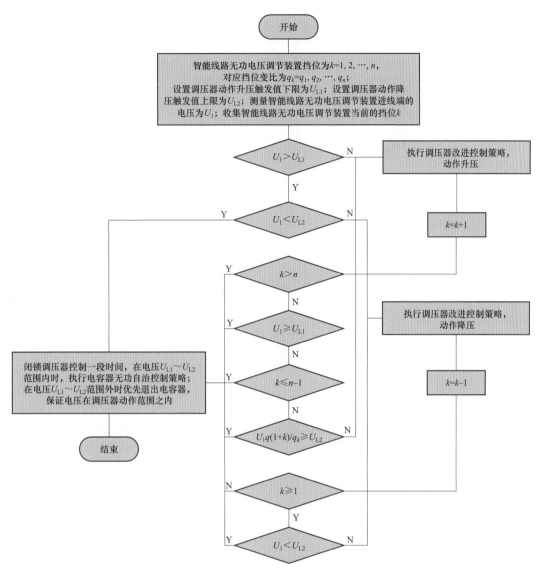

图6-3 线路无功电压智能调节整体自治控制策略流程图

具体步骤包括：

（1）令调压器挡位为 $k = 1, 2, \cdots, n$，对应挡位变比为 $q_k = q_1, q_2, \cdots, q_n$；设置调压器动作升压触发值下限为 U_{L1}；设置调压器动作降压触发值上限为 U_{L2}；测量智能线路无功电压调节装置进线端的电压 U_1；收集智能线路无功电压调节装置当前的挡位 k。

（2）判断 $U_1 > U_{L1}$ 是否成立，若成立则执行步骤（3）；否则，执行步骤（4）。

（3）判断 $U_1 < U_{L2}$ 是否成立，若成立则执行步骤（9）；否则，执行步骤（10）。

（4）执行调压器改进控制策略，$k = k + 1$，动作升压。

（5）判断 $k > n$ 是否成立，若成立则执行步骤（9）；否则，执行步骤（6）。

（6）判断 $U_1 \geqslant U_{L1}$ 是否成立，若成立则执行步骤（9）；否则，执行步骤（7）。

（7）判断 $k \leqslant n-1$ 是否成立，若成立则执行步骤（9）；否则，执行步骤（8）。

（8）判断 $U_1 q_{(1+k)}/q_k \geqslant U_{L2}$ 是否成立，若成立则执行步骤（9）；否则，执行步骤（4）。

（9）闭锁调压器控制一段时间，在电压 $U_{L1} \sim U_{L2}$ 范围内时，执行电容器无功自治控制策略；在电压 $U_{L1} \sim U_{L2}$ 范围外时优先退出电容器，保证电压在调压器动作范围之内。

（10）执行调压器改进控制策略，$k=k-1$，动作降压。

（11）判断 $k \geqslant 1$ 是否成立，若成立则执行步骤（12）；否则，执行步骤（9）。

（12）判断 $U_1 < U_{L2}$ 是否成立，若成立则执行步骤（9）；否则，执行步骤（10）。

无功电压调节装置自治控制方法的优点如下：

（1）可以根据安装点电压水平自适应选择子动作模块，设备动作有序，避免调压器和电容器子控制模块的动作冲突。

（2）以安装点电压水平为判据，将调压器作为基准调节，将电容器作为精细调节，更好地调节线路电压，减少设备动作次数，降低低压线路运行网损。

（3）控制逻辑简便易实现，无须对设备及线路进行建模和优化计算，具有实际工程应用效益。

6.1.4 偏远供电台区电压调控算例仿真

对低压配电网传统的电压控制策略及本章提出的自治控制策略进行仿真对比，验证自治控制策略的有效性。以图6-4为例，该模型线路含12个负荷节点，配电变压器容量为200kVA，线路总长度为1050m，总有功负荷为108kW，功率因数为0.82，配电变压器低压侧母线电压为230V。

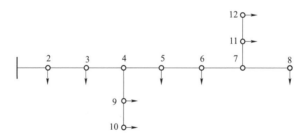

图6-4　低压线路模型

对该线路进行潮流仿真，结果见表6-2。

表6-2　　　　　　　　　　　　线路主干节点初始电压幅值

节点	相电压（V）	节点	相电压（V）
1	230.0	5	196.3
2	220.5	6	189.9
3	213.0	7	186.5
4	203.8	8	185.3

对节点 5 装设 60kVA/20kvar 的调压器/无功补偿装置,并设置不同的仿真控制策略,仿真 1 即传统的控制不加以协调,调压器和电容器采用就地控制,调压器触发升压动作电压值为 200V,电容器补偿功率因数在 0.95 及以上;仿真 2 采用无功电压调节装置的自治控制,不同控制策略的单断面仿真结果见表 6-3 和图 6-5。

表 6-3　　　　　　　　　　不同控制策略的单断面仿真结果

节点		1	2	3	4	5	6	7	8	总损耗 (kW)
传统控制	相电压(V)	230	221.7	213.6	204.4	217.7	211.9	207.3	205.5	16
自治控制	相电压(V)	230	224	217.1	209.6	228.1	224.6	220	218.8	14

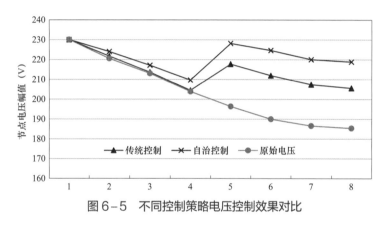

图 6-5　不同控制策略电压控制效果对比

由图 6-5 和表 6-3 可见,线路无功电压智能调节策略不仅能满足用户基本的用电需求,还具有较好的电压控制效果,可以改善低压线路的电压质量,并且由于控制电容器适当的过补偿,可以减少线路无功功率流动,取得较好的节能降损效益。

6.2　三相不平衡调控方法

随着低压配电网中居民用户的负荷种类和负荷功率的增加,其分布的不均衡性和使用的随机性使得三相不平衡的问题越加严重,这将带来变压器出力降低、中性线电流增大、线路损耗增加、三相电压不对称且高负荷的一相电压过低等问题。虽然三相负荷平衡可以通过科学规划、有序接入负荷来实现,或者通过调整负荷接入相序进行三相不平衡治理,但是由于低压用户用电的随机性和差异性比较明显,即使负荷接入已经相对平衡,运行中仍然可能出现三相不平衡度较高的情况。因此,有必要应用自动调节装置,实时地调整三相潮流。

6.2.1 考虑三相不平衡度的自动换相策略

低压配电网三相不平衡的主要原因是三相负荷不平衡，若是能将不平衡负荷按照科学合理的方法平均分配到各相上，则可很好地平衡三相负荷。负荷相序平衡即在不改变配电网原有框架结构的前提下，依靠人工或者自动换相装置对不平衡负荷或者馈线进行换相，使负荷平均分配到各相上，从而降低三相不平衡度。

由于换相开关是对负荷进行调整，使负荷功率较为均匀、合理地分布于三相，因此，以配电变压器低压侧母线流出的有功功率为观察指标，并且仿照电流不平衡度 α_I 的定义方法，定义了三相有功不平衡度 ε_P，作为换相开关调节效果的评价指标，见式（6-1）。

$$\varepsilon_P = \frac{P_{\max} - P_{\min}}{P_{\max}} \times 100\% \qquad (6-1)$$

式中：$P_{\max}$ 为三相有功功率中的最大值；$P_{\min}$ 为三相有功功率中的最小值。

利用智能电能表采集的配电变压器低压侧母线三相有功功率数据和各负荷节点三相有功功率数据，以三相有功不平衡度为衡量指标，并结合有功功率欠量或过量判据，实时生成各时间断面的换相开关动作策略，具体步骤包括：

（1）每隔 1h 采集配电变压器低压侧母线三相有功功率数据 P_A、P_B、P_C 和各负荷节点三相有功功率数据 P_{1A}，P_{1B}，P_{1C}，$\cdots$，P_{nA}，P_{nB}，P_{nC}（共有 n 个负荷节点）。

（2）根据 P_A、P_B、P_C 计算配电变压器低压侧母线的三相有功不平衡度 ε，并判断是否满足小于 5%，若满足，则不需进行换相操作；若不满足，则应进行后续控制策略。

（3）按有功功率从小到大的顺序，对配电变压器低压侧母线三相相序重新进行排列，分别设为 X、Y、Z，则 $P_X < P_Y < P_Z$。进一步计算各相有功功率欠量或过量：若 $\Delta P_i < 0$，则表示有功功率欠量；若 $\Delta P_i > 0$，则表示有功功率过量：

$$\Delta P_i = P_i - P_{av} (i = X, Y, Z) \qquad (6-2)$$

其中

$$P_{av} = \frac{(P_X + P_Y + P_Z)}{3}$$

1）换相策略一：若两相有功功率欠量，一相有功功率过量，即 $\Delta P_X < 0, \Delta P_Y < 0$，$\Delta P_Z > 0$，则负荷转移方向为 Z→X，Z→Y，两次负荷转移量的寻优目标分别是使 X 相、Y 相有功负荷总值 $\sum P_{load.X}$、$\sum P_{load.Y}$ 与 P_{av} 偏差值最小。

2）换相策略二：若两相有功功率过量，一相有功功率欠量，即 $\Delta P_X < 0, \Delta P_Y > 0$，$\Delta P_Z > 0$，则负荷转移方向为 Y→X，Z→X，两次负荷转移量的寻优目标分别是使 Y 相、Z 相有功负荷总值 $\sum P_{load.Y}$、$\sum P_{load.Z}$ 与 P_{av} 偏差值最小。

3）换相策略三：若一相有功功率欠量，一相有功功率过量，即 $\Delta P_X < 0, \Delta P_Y = 0$，$\Delta P_Z > 0$，则负荷转移方向为 Z→X，该次负荷转移量的寻优目标是使 X 相或 Z 相有功负荷总值 $\sum P_{load.X}$、$\sum P_{load.Z}$ 与 P_{av} 偏差值最小。

根据上述步骤，每隔 1h 可实时生成该断面的换相开关动作策略，实现流程如图 6-6 所示。

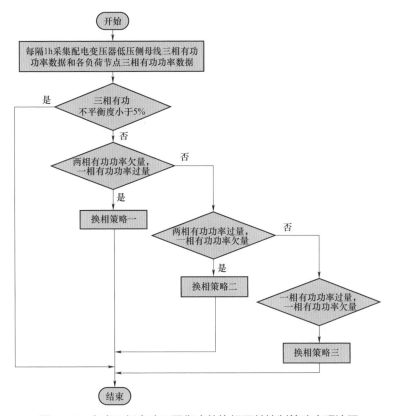

图 6-6　考虑三相有功不平衡度的换相开关控制策略实现流程

6.2.2　基于相间电容补偿的三相不平衡优化策略

通过在配电网电源侧或负荷侧增设补偿装置对三相间不对称负荷进行调补，从而降低三相电流不平衡度，使三相不平衡系统被调整至三相平衡系统，能够在不改变配电网结构和运行方式下，快速有效地对三相不平衡进行抑制，并可以兼顾补偿无功和谐波的特点。

在电源三相电压平衡的情况下，任何线性及中性点不接地的三相不平衡负荷，可以通过并联一个理想的补偿网络将不平衡的三相负荷变成平衡的三相有功负荷，且不会改变电源和负荷之间的有功功率交换。

如图 6-7 所示，设三相不平衡负荷分别为：$Y_l^{ab} = G_l^{ab} + jB_l^{ab}$，$Y_l^{bc} = G_l^{bc} + jB_l^{bc}$，$Y_l^{ca} = G_l^{ca} + jB_l^{ca}$，三者互不相等。$B_r^{ab}$、$B_r^{bc}$、$B_r^{ca}$ 为三相补偿电纳。若满足 $B_r^{ab} = -B_l^{ab}$，$B_r^{bc} = -B_l^{bc}$，$B_r^{ca} = -B_l^{ca}$，则可将系统的功率因数调整至 1。但此时三相负荷仍不平衡，各相分别为纯电导 G_l^{ab}，G_l^{bc}，G_l^{ca}。为了平衡 G_l^{ab}，在 b 相和 c 相之间连接电容性电纳 $B_r^{bc} = G_l^{ab} / \sqrt{3}$，同时在 c 相和 a 相间接入电感性电纳 $B_r^{ca} = -G_l^{ab} / \sqrt{3}$，即可平衡 G_l^{ab}。

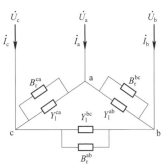

图 6-7　三相不平衡负荷补偿原理

同理，对于 b、c 相之间和 c、a 相之间的纯电导，可以依次用相同的方法来加以平衡。平衡以后，三相负荷就变成了对称的纯有功负荷。此时补偿电纳综合补偿了功率因数和不平衡电导，分别将每一相上的补偿电纳叠加，则补偿电纳如下：

$$\begin{cases} B_r^{ab} = -B_1^{ab} + (G_1^{ca} - G_1^{bc})/\sqrt{3} \\ B_r^{bc} = -B_1^{bc} + (G_1^{ab} - G_1^{ca})/\sqrt{3} \\ B_r^{ca} = -B_1^{ca} + (G_1^{bc} - G_1^{ab})/\sqrt{3} \end{cases} \quad (6-3)$$

只要使三相不平衡负荷上并联的补偿电纳满足式（6-3），即可使得系统功率因数为 1，三相负荷达到完全平衡。

该优化策略步骤如下：

（1）每隔 1h 采集位于安装点处的配电变压器低压侧母线三相有功功率数据 P_A、P_B、P_C；

（2）根据式（5-19）、式（6-2）分别计算三相不平衡度、各有功功率欠量或过量；

（3）获取电容器单组容量 Q_{single}，组数 N；

（4）确定单组电容器调节量 P_{adj}，具体计算公式为

$$P_{adj} = \frac{Q_{single}}{2\sqrt{3}} \quad (6-4)$$

（5）记 A、B、C 三相相间电容器投切数为 $0 \le n_{ab}$，n_{bc}，$n_{ca} \le N$，有如下投切策略：

1）当一相有功功率过量，两相有功功率欠量时，记 $\Delta P_A > 0, \Delta P_B < 0, \Delta P_C < 0$，且 $|\Delta P_A| \ge |\Delta P_B| \ge |\Delta P_C|$，并联电容器通过 A→B、B→C、C→A 的功率转移方向补偿有功功率，分别传输了 $n_{ab} \cdot P_{adj}$、$n_{bc} \cdot P_{adj}$、$n_{ca} \cdot P_{adj}$，整体使等式 P 最小：

$$P = |\Delta P_A - n_{ab} \cdot P_{adj}| + |\Delta P_B + (n_{ab} - n_{bc}) \cdot P_{adj}| + |\Delta P_C + n_{bc} \cdot P_{adj}| + |n_{bc} \cdot P_{adj}|$$

2）当两相有功功率过量，一相有功功率欠量时，记 $\Delta P_A > 0, \Delta P_B > 0, \Delta P_C < 0$，且 $|\Delta P_A| > |\Delta P_B| > |\Delta P_C|$，并联电容器通过 A→B、B→C、C→A 的功率转移方向补偿有功功率，分别传输了 $n_{ab} \cdot P_{adj}$、$n_{bc} \cdot P_{adj}$、$n_{ca} \cdot P_{adj}$，整体使等式 P 最小：

$$P = |\Delta P_A - n_{ab} \cdot P_{adj}| + |\Delta P_B - (n_{bc} - n_{ab}) \cdot P_{adj}| + |\Delta P_C + n_{bc} \cdot P_{adj}| + |n_{ca} \cdot P_{adj}|$$

3）存在既不过量也不欠量时，$n_{ab} = n_{bc} = n_{ca} = 0$。

6.2.3 基于瞬时功率理论的三相不平衡优化策略

假设三相电路的瞬时电压和瞬时电流分别为 e_a、e_b、e_c 以及 i_a、i_b、i_c，变换到两相正交的 $\alpha-\beta$ 坐标，两相瞬时电压为 e_α、e_β，两相瞬时电流为 i_α、i_β，则有

$$\begin{bmatrix} e_\alpha \\ e_\beta \end{bmatrix} = C_{32} \begin{bmatrix} e_a \\ e_b \\ e_c \end{bmatrix}, \quad \begin{bmatrix} i_\alpha \\ i_\beta \end{bmatrix} = C_{32} \begin{bmatrix} i_a \\ i_b \\ i_c \end{bmatrix} \quad (6-5)$$

式中，$C_{32} = \sqrt{\dfrac{2}{3}} \begin{bmatrix} 1 & -1/2 & -1/2 \\ 0 & \sqrt{3}/2 & -\sqrt{3}/2 \end{bmatrix}$。式（6-5）也称为克拉克变换。定义瞬时有功功率 p 和瞬时无功功率 q 为

$$\begin{bmatrix} p \\ q \end{bmatrix} = \begin{bmatrix} e_\alpha & e_\beta \\ e_\beta & -e_\alpha \end{bmatrix} \begin{bmatrix} i_\alpha \\ i_\beta \end{bmatrix} = C_{pq} \begin{bmatrix} i_\alpha \\ i_\beta \end{bmatrix} \tag{6-6}$$

然后将其写成反变换形式，求出电流基波分量并分解如下：

$$\begin{bmatrix} i_{\alpha f} \\ i_{\beta f} \end{bmatrix} = \begin{bmatrix} e_\alpha & e_\beta \\ e_\beta & -e_\alpha \end{bmatrix}^{-1} \begin{bmatrix} \overline{p} \\ \overline{q} \end{bmatrix} = \frac{1}{e_\alpha^2 + e_\beta^2} \begin{bmatrix} e_\alpha & e_\beta \\ e_\beta & -e_\alpha \end{bmatrix} \begin{bmatrix} \overline{p} \\ \overline{q} \end{bmatrix} \tag{6-7}$$

$$\begin{bmatrix} i_{af} \\ i_{bf} \\ i_{cf} \end{bmatrix} = C_{23} \begin{bmatrix} i_{\alpha f} \\ i_{\beta f} \end{bmatrix} \tag{6-8}$$

式中，$C_{23} = C_{32}^{-1} = C_{32}^{T}$。式（6-7）中 $\overline{p}$、$\overline{q}$ 为 p、q 的直流分量；式（6-8）中 $i_{\alpha f}$、$i_{\beta f}$ 为 i_α、i_β 的基波分量；i_{af}、i_{bf}、i_{cf} 为 i_a、i_b、i_c 的基波分量。去掉基波分量，留下的就是谐波电流 i_{ah}、i_{bh}、i_{ch}，也就是需要补偿掉的电流，补偿器可据此参考电流进行负荷补偿。瞬时功率理论运算原理如图6-8所示。

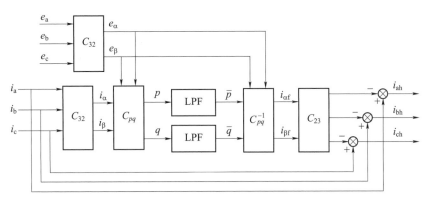

图6-8　瞬时功率理论运算原理

LPF—低通滤波器

6.2.4　三相不平衡调控仿真算例分析

1. 负荷换相

本算例以配电变压器低压侧母线流出的有功功率为观察指标，并且以三相有功不平衡度 ε_p 作为换相开关调节效果的评价指标，调节位于典型位置处的换相开关对负荷进行调整，使负荷较为均匀、合理地分布于三相。图6-9为未经换相开关调节的配电变压器低压侧母线三相总有功功率曲线，可以看出曲线间功率的差额明显，功率指标下的三相不平衡程度也相应较大，且三相的负荷存在明显区分，负荷主要分布在 B 相，A 相负荷较轻。

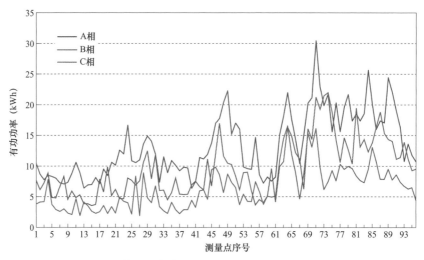

图 6-9 调整前配电变压器低压侧母线三相总有功功率曲线

　　三相不平衡度下的负荷换相策略调整后,配电变压器低压侧母线三相总有功功率曲线如图 6-10 所示。从图中可以看出,经换相开关调整后,三相负荷曲线的重合度比未调整前有较大的提高,三相不平衡度明显下降。但同时相间负荷也存在着一些差额较大的情况,这主要是由于用电负荷高峰与调整时刻存在不一致的关系,且调整没有采用实时动态跟随的方式。

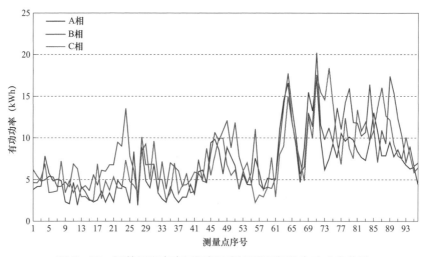

图 6-10 调整后配电变压器低压侧母线三相总有功功率曲线

2. 相间电容补偿

　　本算例以配电变压器低压侧母线流出的有功功率为观察指标,并且根据三相有功不平衡度 ε_p 确定相间电容器的容量,通过对电容器的投切以平衡配电变压器低压侧的有功功率,使配电变压器三相不平衡度降低。根据电容器补偿策略,可确定算例的每套电容器组容量为 10kvar×1，分别并接在配电变压器低压侧的 A、B、C 三相之间。未执行策略前，该算例台区首端三相有功功率曲线如图 6-11 所示。

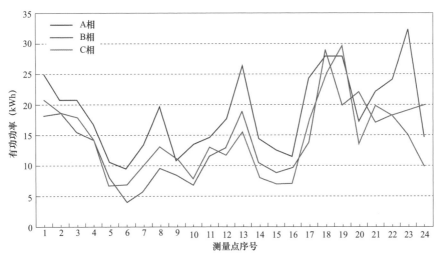

图 6-11　补偿前首端三相有功功率曲线

从图 6-11 中可以看出台区一天中的有功负荷波动较大，仅在趋势上呈现较为一致的特性，但有功功率在数值上存在明显差异，三相不平衡度大。而经相间电容器补偿后的三相有功功率曲线和补偿前后三相不平衡度对比如图 6-12、图 6-13 所示。

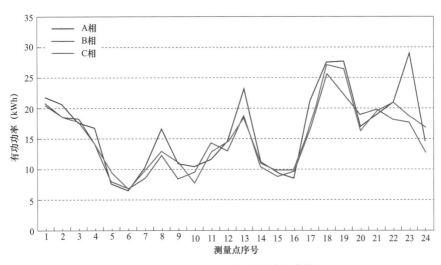

图 6-12　补偿后三相有功功率曲线

如图 6-12、图 6-13 所示，经过电容器补偿后的有功功率曲线吻合度明显增加，整体台区的三相不平衡程度也有所降低，表现为补偿后的不平衡度曲线明显低于补偿前。仿真表明了相间电容补偿的调节策略对降低台区整体三相不平衡程度有显著效果，可根据台区实际问题选择使用。

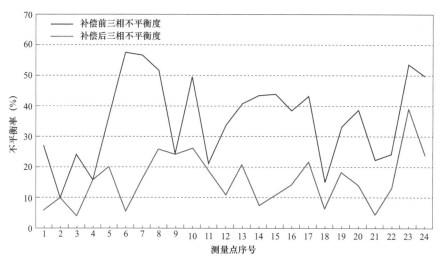

图 6-13　补偿前后三相不平衡度对比

6.3　台区无功优化方法

传统无功优化控制的数学基础是潮流优化算法，需要以低压配电系统台区的拓扑数据、网架信息为支撑。然而实际中，低压配电网的拓扑结构往往错综复杂，数据不完整，无法清晰获得网架信息。因此，在这种情况下传统无功优化控制算法无法应用。本节针对此问题，提出基于分段无功补偿的台区无功优化方法。

6.3.1　分段无功补偿方法

图 6-14 所示为"关口-线路"单元模型，设线路左边为平衡节点，电压为 U_G，平衡节点发出的功率为 $P_G + jQ_G$；线路右边为 PQ 节点，负荷为 $P + jQ$；线路的电阻、电抗和对地电纳分别为 R、X 和 B。

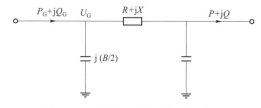

图 6-14　"关口-线路"单元模型

最优无功送电功率指线路有功功率损耗最小时从线路首端流入线路的无功功率，用 $Q_{G.opt}$ 表示。

设线路首端充电功率为 $Q_{G.B/2}$，$Q_{G.B/2}$ 可由式（6-9）得到：

$$Q_{G.B/2} = -\frac{1}{2}BU_G^2 \qquad (6-9)$$

式中，负号表示将 $Q_{G.B/2}$ 视为无功功率损耗。

此时，线路的功率损耗可以用线路首端电压和首端功率表示为

$$\Delta S_L = \frac{P_G^2 + (Q_G - Q_{G.B/2})^2}{U_G^2}(R + jX) \qquad (6-10)$$

由有功功率平衡有

$$P_G - \mathrm{Re}(\Delta S_L) = P \qquad (6-11)$$

即

$$P_G - \frac{P_G^2 + (Q_G - Q_{G.B/2})^2}{U_G^2}R = P \qquad (6-12)$$

将式（6-12）视为关于 P_G 的一元二次方程，可解得

$$P_G = \frac{\dfrac{U_G^2}{R} \pm \sqrt{\left(\dfrac{U_G^2}{R}\right)^2 - 4\left[(Q_G - Q_{G.B/2})^2 + \dfrac{U_G^2}{R}P\right]}}{2} \qquad (6-13)$$

考虑 P_G 有实根的情况，即

$$\left(\frac{U_G^2}{R}\right)^2 - 4\left[(Q_G - Q_{G.B/2})^2 + \frac{U_G^2}{R}P\right] > 0 \qquad (6-14)$$

式（6-13）中"±"应取"−"（"+"号对应的情况是负荷侧低电压大电流的情况，不符合电网正常运行的情况，故舍去），则易得出，当 U_G、R、P 一定时，P_G 取得最小值（即线路有功功率损耗最小）的条件是

$$Q_G = Q_{G.B/2} \qquad (6-15)$$

结合式（6-9）、式（6-15）及 $Q_{G.opt}$ 的含义，可知

$$Q_{G.opt} = -\frac{1}{2}BU_G^2 \qquad (6-16)$$

式（6-16）即是"关口−线路"单元的最优无功送电功率表达式。

对低压线路而言，电纳近似等于 0，因此，式（6-16）表示的最优无功送电功率等于 0。根据此判据，以台区内的无功补偿装置安装点作为分界，将台区低压线路进行分段，并根据每个分段的首端无功功率进行无功补偿的投切控制。

6.3.2　台区无功优化仿真算例

以图 6-15 所示低压台区作为仿真系统，在节点 5 和节点 8 处分别安装 4 台 10kvar 的电容器。针对三种无功补偿方式（无补偿、就地补偿、分段补偿）进行仿真计算，结果见表 6-4 和图 6-16。

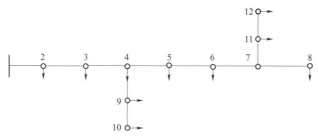

图 6-15 低压台区

表 6-4 不同无功补偿方式下的仿真结果

补偿方式	节点 5 补偿量（kvar）	节点 8 补偿量（kvar）	分段 1 首端无功功率（kvar）	分段 2 首端无功功率（kvar）	有功功率损耗（kW）
无补偿	0	0	89	36	24
就地补偿	10	0	79	36	21
分段补偿	40	30	12	2	14

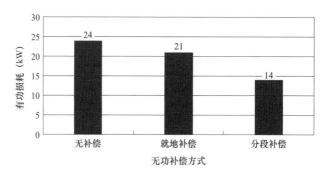

图 6-16 不同无功补偿方式下的有功损耗对比

由表 6-4 和图 6-16 可知，在无补偿的情况下，分段 1 下送的无功功率为 89kvar，分段 2 下送的无功功率为 36kvar，均为三种方式下的最大值，无功功率远距离输送导致系统的有功功率损耗较大；在就地补偿方式下，节点 5 投入 1 组电容器，减少了分段 1 下送的无功功率，系统有功功率损耗有所减少，但是因为就地补偿只能补偿节点 5 和节点 8 的无功负荷，对于其他节点的无功负荷无法协调补偿，因此分段 1、分段 2 下送的无功功率仍然较大；在分段补偿方式下，分段 1 下送无功功率为 12kvar，分段 2 下送无功功率为 2kvar，均为三种方式下的最小值，系统有功功率损耗为 14kW，与无补偿方式和就地补偿方式相比，分别减少了 41.7% 和 33.3%，效果非常明显。

6.4 本章小结

本章研究了智能台区自治控制策略，为农村智能台区建设提供了控制层面的功能支撑，具体研究内容包括以下几个方面：

（1）偏远供电台区电压无功调控。电压无功调控策略考虑了电压波动对无功功率的影响以及无功补偿后对电压的抬升等因素，从时间配合和边界值的角度考虑两者的协调，解决了频繁动作和投切震荡问题。该自治控制策略以电压不越限为约束条件，以电压和无功功率（功率因数）作为测量和判断依据，内在协调调压器和电容器以维持输出电压在合格范围内，并实现无功功率基本平衡。

（2）三相不平衡调控。三相不平衡调控考虑了负荷换相、相间电容补偿以及基于瞬时无功理论的控制策略。负荷换相在不改变配电网原有框架结构的前提下，依靠自动换相装置使负荷平均分配到各相上，从根本上降低了三相不平衡度；相间电容补偿能够转移有功功率传递方向，有效地抑制了三相不平衡，并可以兼顾补偿无功功率和谐波；基于瞬时无功理论的控制策略可针对除基波以外的谐波分量进行补偿，滤除谐波对三相不平衡的影响。

（3）台区无功优化方法。针对台区拓扑信息不全、网架数据不完整无法进行潮流优化计算的问题，提出基于分段无功补偿的台区无功优化方法。该方法根据线路分段下送的无功功率进行补偿，可以不用潮流计算即可进行无功优化补偿，策略简单实用，降损效果明显。

第7章 农村低压智能配电网的馈线自动化策略

在农村低压台区中，采用的多为树干式电气网络结构，进出线大部分为架空线，所配置的开关设备、监测设备数量较少。而农村低压台区数量多、分布广，为控制台区运行成本，台区缺乏专门的管理与维护，如果发生故障，将引起长时间、大范围的停电。随着农村建设的发展，用电负荷迅速增加，对配电系统的可靠性要求不断提高，单纯的树干式配电系统难以适应发展的需要。借鉴中高压的馈线自动化方案，以开关配置方案为基础，本章以专题的方式重点研究适用于台区的低压馈线自动化技术，目标是实现故障识别、隔离与转供电。

7.1 低压馈线自动化模式探讨

目前的馈线自动化（FA）实现模式主要有就地式馈线自动化、集中式馈线自动化与分布式智能馈线自动化三种类型。

1. 就地式馈线自动化模式

就地式馈线自动化技术基于重合器－分段器相互配合，就地实现馈线故障区段定位、隔离与非故障区段的供电恢复。它不需要配电主（子）站控制，不需要通信通道，投资小、易于实现。就地式馈线自动化模式无法与智能台区监控终端进行信息交互，无法实现开关及配电网运行状态监视，难以满足美丽乡村透明优质的智能低压配电网运行需求。

2. 集中式馈线自动化模式

集中式馈线自动化技术通过工业以太网、EPON 光纤网或 GPRS 无线通信等完善的通信手段，将馈线终端检测到的故障信息上传到配电自动化主站（或子站），主站根据馈线拓扑结构和预设算法对故障信息进行分析，并判断出故障区域，发出控制命令，实现故障区段定位、隔离与供电恢复操作。集中式馈线自动化模式可满足美丽乡村智能台区的运行需求，该方式可通过智能台区监控终端实现集中式自动化管理，无须远距离通信接入配电自动化主站。而且由于低压台区内的配电网覆盖供电区域较小，其供电半径一般规定不大于 500m，通信成本也较低，可以从经济性和智能化方面考虑。

3. 分布式智能馈线自动化模式

分布式智能馈线自动化技术通过配电终端之间对等通信交换故障信息,无须配电自动化主站参与,独立判断出故障区域,进行分布式故障区段定位、隔离与供电恢复操作,只需将故障处理过程及最终结果上报配电自动化主站即可。分布式智能馈线自动化模式目前较多应用于可靠性要求较高、负荷密度较大的城市核心供电区,对供电可靠性等级要求较低的农村台区不适于大面积推广。

经过对馈线自动化三种模式的说明,对于含智能台区监控终端的集中式馈线自动化模式,需要将故障信息由低压馈线监测终端统一上传至智能台区监控终端分析,其后再下发控制指令隔离故障与恢复非故障区域供电。在此过程中,由于涉及大量的数据传输与分析环节,故障隔离指令下发时间较长,不利于故障的快速隔离,且智能台区监控终端或通信出现故障将影响低压配电网运行安全。因此,结合就地控制与集中控制策略优势,建议采用含馈线监测终端和智能台区监控终端的就地隔离－集中控制的馈线自动化模式,包括基于本地电气量感知、响应智能台区监控终端的故障隔离、恢复供电功能和作为后备的就地故障隔离功能。

所述的策略包括以下过程:

(1)设置智能台区监控终端自动化控制系统,制定故障识别、隔离与恢复供电策略,当满足判据条件时,智能台区监控终端系统遥控低压开关动作。

(2)故障跳闸。当线路上某点发生相间短路故障时,馈线监测终端检测并上传线路状态信息,智能台区监控终端对上传的故障信息进行仲裁,再通过通信控制低压分段开关动作跳闸,若通信出现问题,则转执行后备就地控制隔离故障。

(3)恢复供电。智能台区监控终端根据低压台区拓扑图,确定台区联络方案,下发指令给馈线监测终端控制低压联络开关合闸,实现对非故障区的转供电。

7.2　台区开式网络的馈线自动化方法研究

7.2.1　开式网络接线模型

开式网络指台区仅由单电源供电,不含包括分布式电源在内的其他电源的网络。开式网络的特征在于运行电流流向单一,即开环运行,发生故障时也不用关心故障电流流向。低压台区开式网络典型接线如图 7-1 所示。

7.2.2　开式网络故障分析

如图 7-2 所示,当发生 F1 短路故障时,介于电源与故障点间的供电路径会出现过电流,故位于供电路径上的开关也将感受到过电流,图上的开关 3、4、7 均感受到过电流。

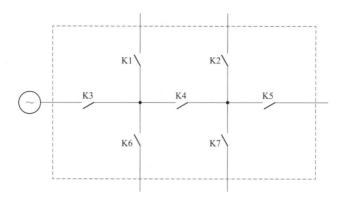

图 7-1　低压台区开式网络典型接线

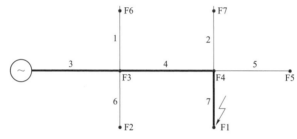

图 7-2　开式网络故障模型

对于就地式馈线自动化，开关在切除故障过程中，不需要收集所有的开关过电流状态信息，仅依靠各个开关的过电流或失压进行判别后执行相应动作。而集中式馈线自动化因为存在与主站的通信，所以可以借助通信获得整个台区开关上的故障信息，从而对故障能够进行快速、准确的定位和隔离，比就地式有减少电流冲击和快速隔离故障的优势。

对于集中式馈线自动化，需要开关或与开关配合的低压智能终端向主站回传过电流状态信息。若记开关过电流状态标志位为 Z_i，则 $Z_i=1$ 表示开关 i 过电流，$Z_i=0$ 表示开关 i 未过电流。根据开关过电流状态的划分，可穷举台区故障所在的区域，主站可获得由各个开关过电流状态标志位组合成的台区整体故障信息，如 F1 故障时，台区故障信息 $Z=[Z_1, Z_2, Z_3, Z_4, Z_5, Z_6, Z_7]=[0\,0\,1\,1\,0\,0\,1]$。对于其他故障，台区整体故障信息集见表 7-1。

表 7-1　　　　　　　　　　　　　台区整体故障信息集

故障点	$Z=[Z_1, Z_2, Z_3, Z_4, Z_5, Z_6, Z_7]$
F1	[0 0 1 1 0 0 1]
F2	[0 0 1 0 0 1 0]
F3	[0 0 1 0 0 0 0]
F4	[0 0 1 1 0 0 0]
F5	[0 0 1 1 1 0 0]
F6	[1 0 1 0 0 0 0]
F7	[0 1 1 1 0 0 0]

表 7−1 可获得每一区域故障发生时台区整体的过电流状态信息,这些信息可用来作为故障时开关执行保护动作的依据,即每个故障对应唯一开关动作指令集合。其中开关仅与网络结构、开关配置方案有关,开关号由工作人员编排,不受系统运行影响,而开关的过电流状态则受运行影响,状态根据故障情况确定。

7.2.3　故障定位与隔离策略

当开式网络发生单一故障时,故障区段必定位于经历故障电流的供电路径上的最后一个开关与第一个未经历故障电流的开关之间。馈线自动化故障定位与隔离的要义则是找到并断开这两个开关,为进一步实现转供电做准备。

对于就地式馈线自动化,故障定位和隔离可以通过"电压−时间"型馈线自动化策略实现,主要原理是利用主干线出线开关二次重合闸配合分段开关加压延时合闸、失压分闸及闭锁合闸来定位与隔离故障。

对于集中式馈线自动化,根据台区整体故障状态信息,可唯一确定开关动作指令。若记开关动作标志位为 S_i,则 $S_i=1$ 表示开关 i 断开且闭锁,$S_i=0$ 表示开关 i 合闸。对于开式网络,通过判断台区整体故障信息集,可确定唯一的开关动作集,各开关执行保护动作情况见表 7−2。

表 7−2　　　　　　　　　　开关执行保护动作情况

故障点	Z	$S=[S_1, S_2, S_3, S_4, S_5, S_6, S_7]$	动作情况
F1	[0 0 1 1 0 0 1]	[0 0 0 0 0 0 1]	开关 7 断开
F2	[0 0 1 0 0 1 0]	[0 0 0 0 0 1 0]	开关 6 断开
F3	[0 0 1 0 0 0 0]	[1 0 1 1 0 1 0]	开关 1、3、4、6 断开
F4	[0 0 1 1 0 0 0]	[0 1 0 1 1 0 1]	开关 2、4、5、7 断开
F5	[0 0 1 1 1 0 0]	[0 0 0 0 1 0 0]	开关 5 断开
F6	[1 0 1 0 0 0 0]	[1 0 0 0 0 0 0]	开关 1 断开
F7	[0 1 1 1 0 0 0]	[0 1 0 0 0 0 0]	开关 2 断开

7.3　台区闭式网络故障定位与隔离策略研究

闭式网络是指多电源并行供电或除传统电源外还含有分布式电源供电的配电网络。这种供电方式可增加台区内的供电可靠性,但由于多电源构成闭环运行,系统正常运行的电流不再呈简单的树状分布,电流的流向将随供电系统的运行方式发生改变。因此,在发生故障时,故障电流也将由多个电源点共同汇入故障点,使传统保护不能以固定的整定办法切除故障,且不能简单应用开式网络的策略,需要重新对闭式网络的馈线自动化策略进行研究。

图 7-3 为含有 DG 的多电源并行的低压台区闭式网络典型接线。与开式网络的不同之处在于该典型接线含多电源并行，不能简单采用无向图进行故障的识别与定位。因此，图中以开关为基本单元，针对每个开关设定各自的电流参考方向，以构成闭式网络故障分析所用的有向图。类似于无向图，有向图可以表示闭式网络。

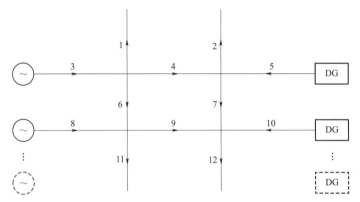

图 7-3　低压台区闭式网络典型接线

7.3.1　闭式网络故障分析

如图 7-4 所示，当发生 F6 短路故障时，介于电源与故障点间的供电路径会出现过电流，故位于供电路径上的开关也将感受到过电流，图上的开关 3、4、5、6、7、8、9、10 均感受到过电流。

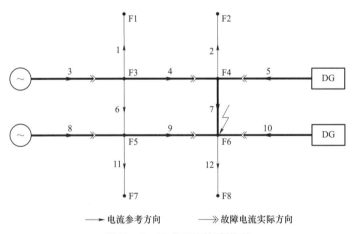

——→ 电流参考方向　　——≫ 故障电流实际方向

图 7-4　闭式网络故障模型

对于就地式馈线自动化，开关在切除故障过程中，不需要收集所有的开关过电流状态信息，仅依靠各个开关的过电流或失压进行判别后执行相应动作。与开式网络不同的是，闭式网络同时有多条供电回路实行"时间-电压型"馈线自动化。

对于集中式馈线自动化，开关的过电流状态标志位记为 Z_i，$Z_i=1$ 表示开关 i 正方向过电流，$Z_i=-1$ 表示开关 i 反方向过电流，$Z_i=0$ 表示开关 i 未过电流。根据开关过电流状态的划分，可穷举台区故障所在的区域，主站可获得由各个开关过电流状态标志位组合成的台区整体故障信息，如 F6 故障时，台区故障信息 $Z = [Z_7, Z_9, Z_{10}, Z_{12}] =$ [1 1 1 0]，只要主站收集到此标志位片段，即可判断 F6 发生故障。对于其他故障，台区整体故障信息集见表 7-3。

表 7-3　　　　　　　　　　　　　台区整体故障信息集

故障点	Z
F1	$[Z_1] = [1]$
F2	$[Z_2] = [1]$
F3	$[Z_1, Z_3, Z_4, Z_6] = [0\ 1\ -1\ -1]$
F4	$[Z_2, Z_4, Z_5, Z_7] = [0\ 1\ 1\ -1]$
F5	$[Z_6, Z_8, Z_9, Z_{11}] = [1\ 1\ -1\ 0]$
F6	$[Z_7, Z_9, Z_{10}, Z_{12}] = [1\ 1\ 1\ 0]$
F7	$[Z_{11}] = [1]$
F8	$[Z_{12}] = [1]$

表 7-3 可获得每一区域故障发生时台区整体的过电流状态信息，这些信息可用来作为故障时开关执行保护动作的依据，即每个故障对应唯一开关动作指令集合。其中开关仅与网络结构、开关配置方案有关，开关号由工作人员编排，不受系统运行影响，而开关的过电流状态则受运行影响，状态根据故障情况确定。

7.3.2　故障定位与隔离判据

对于就地式馈线自动化，故障定位和隔离与开式网络类似，此处不再赘述。

对于集中式馈线自动化，根据台区整体故障状态信息，可唯一确定开关动作指令。若记开关动作标志位为 S_i，则 $S_i=1$ 表示开关 i 断开且闭锁，$S_i=0$ 表示开关 i 合闸。对于闭式网络，通过判断台区整体故障信息集，可确定唯一的开关动作集，各开关执行保护动作情况见表 7-4。

表 7-4　　　　　　　　　　　　开关执行保护动作情况

故障点	Z	$S = [S_1, S_2, S_3, S_4, S_5, S_6, S_7, S_8, S_9, S_{10}, S_{11}, S_{12}]$	动作情况
F1	$[Z_1] = [1]$	[1 0 0 0 0 0 0 0 0 0 0 0]	开关 1 断开
F2	$[Z_2] = [1]$	[0 1 0 0 0 0 0 0 0 0 0 0]	开关 2 断开
F3	$[Z_1, Z_3, Z_4, Z_6] = [0\ 1\ -1\ -1]$	[1 0 1 1 0 1 0 0 0 0 0 0]	开关 1、3、4、6 断开
F4	$[Z_2, Z_4, Z_5, Z_7] = [0\ 1\ 1\ -1]$	[0 1 0 1 1 0 1 0 0 0 0 0]	开关 2、4、5、7 断开
F5	$[Z_6, Z_8, Z_9, Z_{11}] = [1\ 1\ -1\ 0]$	[0 0 0 0 0 1 0 1 1 0 1 0]	开关 6、8、9、11 断开
F6	$[Z_7, Z_9, Z_{10}, Z_{12}] =[1\ 1\ 1\ 0]$	[0 0 0 0 0 0 1 0 1 1 0 1]	开关 7、9、10、12 断开
F7	$[Z_{11}] = [1]$	[0 0 0 0 0 0 0 0 0 0 1 0]	开关 11 断开
F8	$[Z_{12}] = [1]$	[1 0 0 0 0 0 0 0 0 0 0 0]	开关 12 断开

7.4 低压馈线自动化方案与开关配合策略

本节主要研究低压馈线自动化实现方案，具体包括就地式、含馈线监测终端和智能台区监控终端的集中式和就地隔离－集中控制的馈线自动化模式。这些方案均可在确定分段、联络开关的数量、容量、位置等信息后，结合开关配合策略，最终实现故障识别、隔离与负荷的转供电功能。

7.4.1 就地式馈线自动化方案

就地式馈线自动化一次设备采用负荷开关作为分段开关和联络开关，配电变压器的低压出线要配置重合器，其中负荷开关具有上电合闸、失压分闸及闭锁功能，但不能直接开断短路电流。采用的开关策略是电压－时间型，该类型策略的优点在于成本较低、实现简单，但每次故障后都要按顺序依次上电，因此对故障隔离与非故障恢复供电需要很长时间，且每次隔离与转供电都会经历两次短路冲击。

根据图 7–5 所示，QF 为台区馈出线上的重合器，可开断短路电流且两次重合闸后闭锁。发生故障时，各开关的动作情况如下：

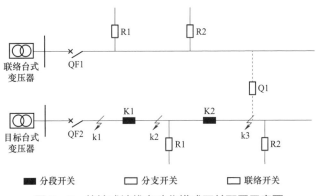

图 7–5 就地式馈线自动化模式开关配置示意图

以 k2 故障为例，Q1 为分闸状态，其余开关为合闸状态，k2 故障发生时，QF2 经历过电流分闸，K1、K2 失压分闸；对于 k2 故障上游，QF2 第一次重合闸，经上电延时 ΔT，K1 闭合并触发 k2 故障，若 k2 为瞬时故障，则 K1 维持合闸状态，K2 也得电合闸，台区整体正常供电；若故障为永久性故障，则 QF2 再次经历过电流，因 K1 得电时间小于检测时间 Δt，故 K1 在 QF2 断开后分闸并闭锁；对于 k2 故障下游，Q1 一侧的失压时间超过整定值 t_{set} 时，Q1 合闸，经上电延时 ΔT，K2 闭合并触发 k2 故障，QF1 经历过电流分闸，Q1 失电分闸，因 K2 得电时间小于检测时间 Δt，故 K2 在 QF1 断开后分闸并闭锁，最终隔离故障 k2，QF1 再次合闸后恢复 Q1 到 K2 段间的供电。各开关状态时序图如图 7–6 所示。

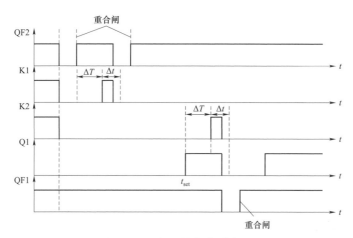

图 7-6　各开关状态时序图

7.4.2　集中式馈线自动化方案

集中式馈线自动化由主站或子站通过通信系统来收集所有终端设备的信息并通过网络拓扑分析，确定故障位置，最后下发命令控制各开关，实现故障区域的隔离和恢复非故障区域的供电。该方案的优点在于网络重构过程中，不会通过多次重合来排除故障，减小了对整个系统的冲击，且时间相对较快，但建设成本较就地式相对较大，一旦发生通信故障，就易造成整个馈线自动化系统无法正常工作。具体开关配置如图 7-7 所示。

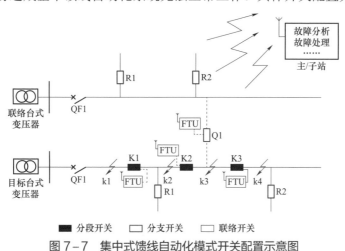

图 7-7　集中式馈线自动化模式开关配置示意图

（1）故障定位。根据开关跳闸和故障指示信息，结合故障定位与隔离判据判断故障所在区段。

（2）故障隔离。主/子站根据拓扑结构，确定隔离故障的最小区段，向低压智能终端（FTU）下达相应的开关操作指令，隔离故障区域。

（3）确定转供方案。可采用多目标优化方法，设定目标函数为开关操作次数最小、恢复负荷最多、恢复后的网络负荷最均衡，同时综合考虑馈线裕度、变电站容量约束和网络约束，对各种转供方案进行校验，得出最佳转供方案。

（4）执行转供。若系统处于人工干预模式，则应将得出的最优转供方案供调度员确认。若系统处于自动处理模式，则应按得出的开关动作序列对相应馈线监测终端发出遥控命令，执行转供，并将转供结果显示，以便调度员能够监视到故障的自动处理过程。

7.4.3 就地隔离－集中控制方案

就地隔离－集中控制型馈线自动化模式较为高级，结合了就地式与集中式，可实现包括基于本地电气量感知、响应智能台区监控终端的故障隔离与恢复供电、作为后备的就地故障隔离等功能。馈线自动化方案根据分段开关的种类不同，其开关间的配合策略也有所差异，下面对方案实现的过程进行叙述。

7.4.3.1 直接开断式

直接开断式是指分段开关具有开断短路电流的能力，通常设置为带控制功能的断路器。此时，就地隔离－集中控制的馈线自动化模式执行步骤如下：

（1）台区按低压配电网开关配置方案配置分段开关与联络开关，并为每台开关安装馈线监测终端；

（2）依照台区线路拓扑图与故障整定值设置原则，为低压出线开关与每台分段开关设置故障整定值；

（3）馈线监测终端监测开关的电气量及开关状态，并上传智能台区监控终端；

（4）智能台区监控终端依据各开关所处位置与上传信息判断台区故障情况，若发生故障，则将按故障定位与隔离判据确定故障上、下游开关位置，并给指定的馈线监测终端下发开关动作指令；

（5）馈线监测终端接收指令并直接控制故障上、下游分段开关与联络开关动作，实现故障隔离与转供电；

（6）若通信出现问题，则转执行就地控制，切除故障。

结合图7-8说明该馈线自动化模式下各个开关的配合策略与动作状态，具体过程如图7-9所示，反映了智能台区监控终端与馈线监测终端通过数据交互，最终实现故障识别、故障隔离和负荷的转供电过程。图7-9中 F 表示开关标志位，$F=1$ 表示开关断开，反之闭合。

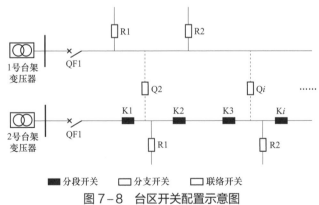

图7-8 台区开关配置示意图

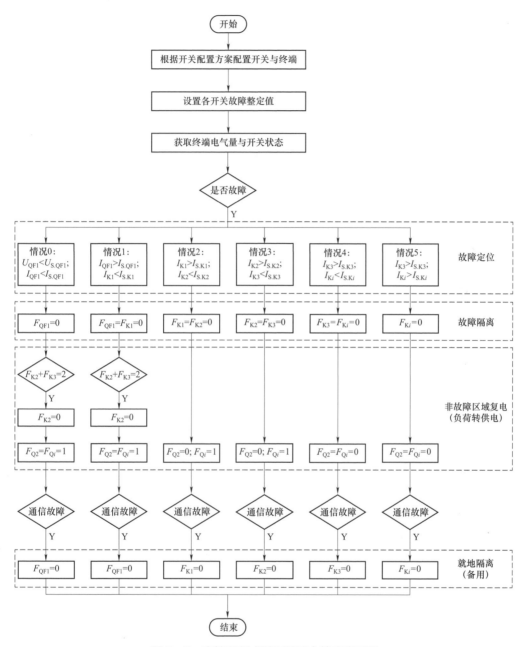

图 7-9　直接开断式下开关配合策略流程图

7.4.3.2　间接开断式

间接开断式是指分段开关不具有直接开断短路电流的能力,通常设置为带控制功能的负荷开关,可直接开合过载电流、正常负载电流及空载电流。此时,就地隔离-集中控制的馈线自动化模式执行步骤有别于直接式,具体步骤如下:

(1) 台区按低压配电网开关配置方案配置分段开关与联络开关,低压出线开关必须为低压断路器,并为每台开关安装馈线监测终端;

（2）依照台区线路拓扑图与故障整定值设置原则，为低压断路器与每台分段开关设置故障整定值；

（3）馈线监测终端监测各开关的电气量及开关状态，并上传智能台区监控终端；

（4）智能台区监控终端依据各开关所处位置与上传信息判断台区故障情况，若发生故障，则先控制位于低压出线的断路器断开，其次通过故障定位与隔离判据确定故障上、下游开关位置，并给指定馈线监测终端下发开关动作指令；

（5）馈线监测终端接收指令并直接控制故障上、下游分段开关与联络开关动作，实现故障隔离与转供电；

（6）若通信出现问题，则转执行就地控制，切除故障。

7.5 本章小结

本章首先讨论了低压馈线自动化的模式，具体分为就地式、集中式、分布式，介绍了这几种模式的区别与优势；其次，对仅由单电源供电的开式网络进行研究，分析该模型的特点及故障情形，获得开式网络故障定位与隔离的判据；以开式网络的分析方法，进一步分析含分布式电源在内的多电源闭式网络的故障情形，获得闭式网络故障定位与隔离的判据；最后，经获得的故障定位与隔离的开关动作判据，制定了就地式、集中式与就地－集中式的开关配合策略，通过该策略可实现低压台区的故障识别、隔离与转供电，总体上提高了农村低压配电网的可靠性。

第8章 农村低压智能配电网建设案例

8.1 低压台区拓扑识别应用案例

8.1.1 低压台区拓扑识别需求

传统低压台区的运维管理由于缺乏拓扑信息的支撑，导致线损异常、停电通知不及时、抢修复电不及时等问题难以有效解决，进而导致用户满意度欠佳。为此，开展低压台区"变-线-相-户"拓扑识别技术研究工作显得尤为重要。

传统的台区拓扑识别主要包括人工勘察法、瞬时停电法、信号注入法等。人工勘察法耗时费力且准确率难以保证；瞬时停电法影响供电可靠性；信号注入法指的是通过加装识别设备或模块（如台区识别仪等），注入特征信号（包括脉冲电流、工频电压畸变、特征电流等），实现台区拓扑关系识别，该方法投资成本高、运维压力大，且在共零共地场景存在台区窜扰问题。

8.1.2 基于数据挖掘的拓扑识别方案

基于数据挖掘的拓扑自动识别需要用户电能表电压、电流、有功功率等负荷曲线及中性线和相线电流、开表盖事件记录、停电事件记录等新增数据项支撑。为确保数据完整性与可用性，通过收资调研，形成了试点台区的选取条件，见表8-1。

表8-1 试点台区选取条件

序号	选取条件	具体内容	目的
1	台区通信方式	微功率无线或宽带载波	电能表新增数据采集量大，需高速率、大容量通信以保证数据采集的完整性
2	电能表类型	2016 年及以后的费控表	该类型电能表具备负荷曲线记录功能
3	集中器类型	2017 年及以后生产，采用南网 16 协议	确保分析仪与集中器的通信兼容性
4	台区类型	营配 2.0 台区	营配 2.0 台区装设有配电变压器分支回路监测终端，可采集低压分支运行数据，支撑台区"线-户"关系识别
5	台区运行工况	高损、负损、负载率较高、三相不平衡较大	针对性解决台区线损异常、重过载、三相不平衡异常等问题

111

功能实现的数据需求见表8-2。

表8-2   功 能 实 现 数 据 需 求

序号	数据来源	数据项需求
1	配电变压器终端	母线A、B、C三相电压15min/次曲线数据
2		母线A、B、C三相电流15min/次曲线数据
3		母线总有功功率及A、B、C三相有功功率15min/次曲线数据
4		母线总有功电量15min/次曲线数据
5		母线总功率因数及A、B、C三相功率因数曲线数据
6		配电变压器终端最近10次停电起始、终止时间
7	配电变压器分支回路监测终端	分支回路A、B、C三相电压15min/次曲线数据
8		分支回路A、B、C三相电流15min/次曲线数据
9		分支回路总有功功率15min/次曲线数据
10	电能表	日冻结电量
11		A、B、C三相电压15min/次曲线数据
12		A、B、C三相电流15min/次曲线数据
13		总及A、B、C三相有功功率15min/次曲线数据
14		总有功电量15min/次曲线数据
15		总功率因数及A、B、C三相功率因数曲线数据
16		电能表最近10次停电起始、终止时间
17		中性线和相线电流实时数据
18		开表盖事件记录

采用智能台区终端对所需数据进行抄读,并在低压出线侧装设低压出线监测单元,获取配电变压器低压出线侧负荷曲线,支撑"线-户"关系识别验证。利用边缘计算技术,将拓扑识别算法嵌入在终端中,实现数据的就地快速处理,避免大量数据传输到集中主站进行计算所带来的通信压力和计算压力。

智能台区终端结合当前嵌入式发展技术,基于高性能控制器,采用模块化规划思路研发。同时将嵌入式 Linux 应用于智能台区终端软件系统开发,借助嵌入式 Linux 丰富的驱动和管理资源,加快控制终端软件研发。

8.1.3 项目成效

台区现场勘察记录图以及台区"变-线-相-户"拓扑图如图8-1、图8-2所示。

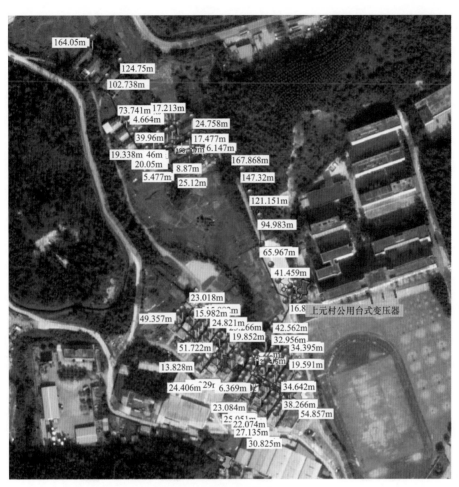

图 8-1　台区现场勘察记录图

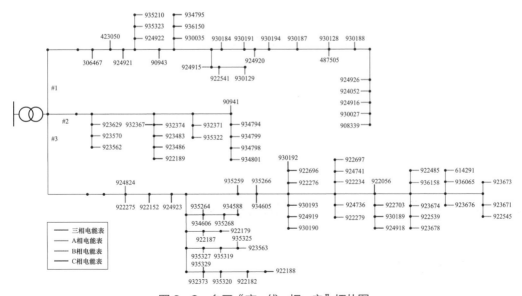

图 8-2　台区"变-线-相-户"拓扑图

1. "变–户"识别

图 8–3 给出了台区的"变–户"关系识别结果,识别结果为"1"表示当前用户电能表归属于本台区,识别结果为"0"则表示不归属。其中,识别 89 户电能表属于本台区,1 户电能表不属于本台区,与现场勘察结果相符,"变–户"关系识别准确率为 100%。

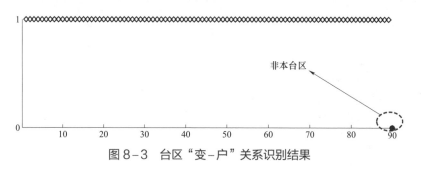

图 8–3　台区"变–户"关系识别结果

2. 相序识别

进一步地,对上述识别的 89 户电能表进行相序识别,包括 85 户单相电能表与 4 户三相电能表。图 8–4 给出了单相电能表的相序识别结果,其中,识别为 A 相的记为"1"、B 相的记为"2"、C 相的记为"3"。

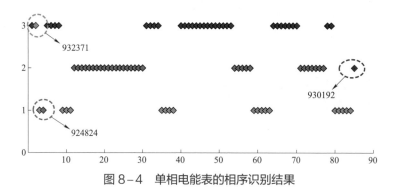

图 8–4　单相电能表的相序识别结果

结合现场勘察结果对比可知:B 相电能表 924824 误识别为 A 相、C 相电能表 930192 误识别为 B 相。即台区共有 85 户单相电能表,错误识别了 2 户电能表,单相电能表相序识别准确率为 97.65%。通过进一步分析可知,是因为这些用户电能表全时序电流均较小,甚至存在大部分时段电流为 0 的情况,用电特征差异不明显,导致相序识别结果有误。

此外,三相电能表识别结果不存在错线接线问题,且现场复勘确认。

8.2　水产养殖台区小型光储微电网案例

8.2.1　水产养殖负荷特点

中国近几十年来,水产养殖的规模不断增大,已经成为我国最重要的农产业之一,但我国在水质监测与电能提供方面仍然存在很大的漏洞，传统能源短缺，同时水产养殖业地理位置较为偏僻，电源可靠性较差。

如何解决农村地区以及偏远地区的供电可靠性问题面临较多困难。在农村或偏远地区进行电力建设和电网发展依然有以下 4 个主要问题：

（1）如果使用传统的常规能源，则从供电端到负荷端电网建设跨度大、距离远、线路损耗高；

（2）由于环境和气候的影响，电网及终端设备需要更高的耐受度以增长使用寿命；

（3）操作者的技术低可能会造成故障监控和消除均受到制约，还易造成人员的损伤；

（4）物资及人工成本的上升，从一定程度上增大了设备成本核算。

因此规划并推广农村地区光储联合、生物质联合或风光联合等模式的新能源发电方式一直是提高农业及养殖业供电可靠性的工作重点之一。农村电力建设基本呈现增长状态，不论是发电设备还是发电量，其增长程度都较为明显。但是总容量和变电站规模依然不够大，对于实现农业现代化的目标来说，还是有差距。基于此，农村地区光储联合发电的示范项目可为推动新能源在农村地区得到大力推广提供参考。

对于高密度的水产养殖业，人工增氧设备需要更高的供电可靠性。在美丽乡村示范项目中要充分利用光储发供混联的特点，研究光储智能微电网技术，建设经济高效率的微电网，提高水产养殖的供电可靠性。

近年来，池塘养殖机械不断创新、升级，水产养殖也已逐步向高密度、集约化方向发展，水产养殖总产量逐年上升，这与水产养殖业逐步实现机械化，特别是增氧机的广泛使用是密不可分的。当今在池塘养殖的水体中采用增氧技术，已成为水产养殖合理提高放养密度，增加养殖对象进食量，促使其生长，从而获得稳产高产的重要措施。

传统水产养殖供电方式采用民用电供电，可靠性不足，一旦停电就容易对水产造成不可逆的损失，因此需要通过低压智能电网建设提高其可靠性。

8.2.2　小型光储微电网方案

采用天然能源光能作为系统的供电来源，通过改进的扰动观测法的最大功率点追踪控制最大效率地利用光伏太阳能，太阳能转化的电能存储在蓄电池中，用蓄电池供电一方面比较稳定，另外一方面阴天下雨的情况下可以通过蓄电池存储的电能给系统供电。从系统光伏发电变换电路、最大功率点的追踪方法、蓄电池的选择、充电方式的选择、新的最大功率点追踪方法的提出、微电网系统的选择规划、软硬件的规划、参数传输方式的选择这些方面做出了详细分析和规划。

方案充分利用光储混联的特点，研究光储智能微电网技术，建设经济高效率的微电网，提高可靠性供电。光储微电网在配电网发生故障后，迅速切换为孤岛微电网。在主供线路恢复送电前，储能和光伏组成的微电网短时间为微电网内的负荷提供电能，通过微电网控制器快速启动光储微电网发电、提高微电网的供电可靠性。屋顶的发电量直接并入当地电网，即电量"分布发电，集中上网"。储能及管理系统适用于户用微电网，储能系统室内落地安装，配电箱壁挂安装。采用光伏储能一体机作为微电网核心设备，优先使用太阳能。

水产养殖结合光储微电网进行应用规划。其微电网系统图和拓扑图分别如图 8-5、图 8-6 所示。采用微电网三层控制结构。第一层为设备层，从左至右依次为大电网、锂电池发电的储能系统、光伏发电系统及水产养殖系统等微电网负荷。除此之外，断路器、隔离开关、电压/电流互感器及其他开关和二次侧的测量设备也在第一层。

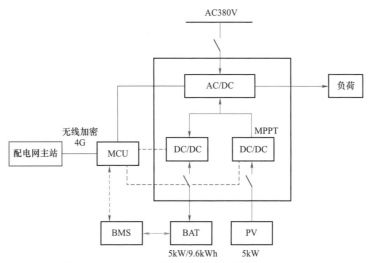

图 8-5 水产养殖背景的小型光储微电网系统图

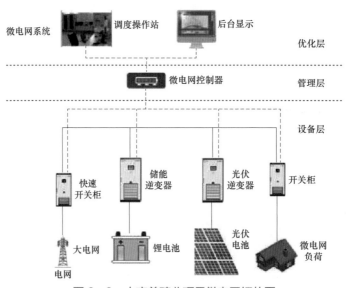

图 8-6 水产养殖业项目微电网拓扑图

第二层为管理层，有类似承担间隔层之间承上启下的功能，采用微电网控制器对联络线上的功率、运行状态等进行采集和检测。第三层为优化层，即能量管理层，通过后台显示及调度操作使得微电网根据实际负荷情况运行，得到最大化的经济效益。

水产养殖业试验项目微电网电气结构图如图8-7所示。左边框内为系统主接线的高压进线柜，右边框内为主接线低压侧的微电网系统，其中由微源柴油发电机、锂电池和光伏电池对负荷进行供电。QF1为微电网和大电网相连并网点开关，控制微电网和大电网的连接。QF2、QF3、QF4、QF5分别为柴油机、储能系统、光伏发电系统和小水电与微电网母线的连接开关，QF6为养殖业所用负荷与微电网母线的连接开关。大电网与微电网共同为水产养殖场负荷供电。该试验工程项目的储能电池呈集装箱式。在进行预同步操作以后再并入系统，其性能主要体现在孤岛运行时，作为主机对系统母线频率和电压有支撑作用，可保持系统稳定运行。

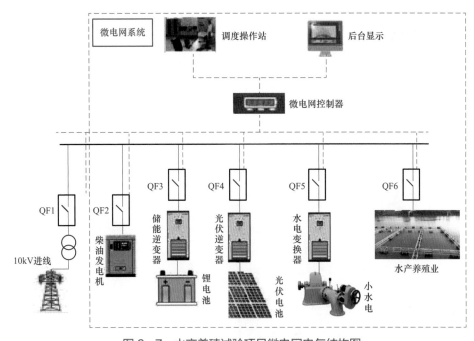

图8-7　水产养殖试验项目微电网电气结构图

主电网正常工作时，光伏发电系统和储能系统在并网条件下工作，光伏电池所产生的电压，经变压器升高，最终汇聚在母线上，为了使母线功率始终保持在最大点工作且状态稳定，可以采用最大功率点追踪法。该方法可以通过调整负荷曲线以满足系统的输出效率最高，是光伏发电中常用的功率处理方式。

光伏发电系统可以在最大功率点追踪模式、恒压模式、不工作模式中工作，储能系统可以在充电模式、放电模式、不工作模式中工作。为了确保光伏发电系统和储能系统的正常运行，使主电网中的电压、功率稳定，储能系统负荷状态和充放电工作处于最大功率模式，工程中通常把光伏发电系统和储能系统的工作状态组合在一起。

8.2.3　项目成效

水产养殖智能配电网建成后，将有效提高水产养殖用户的用电可靠性，避免因停电给养殖用户造成经济损失。采用当前的技术方案，可以保证在配电网发生故障后，光储微电网迅速切换为孤岛微电网，以孤岛运行状态持续为负荷供电。在主供线路恢复送电前，储能和光伏组成的微电网短时间为微电网内的负荷提供电能，通过微电网控制器快速启动光储微电网发电、提高微电网的供电可靠性。

8.3　景观融合示范案例

8.3.1　乡村线路整治

某用电区域的原有架空电线排布方式杂乱，加上电线老化，护层破损，内部线路裸露在室外，周边住户的人身安全得不到保障，也影响住户的用电需求以及村落的整体美观，如图 8-8 所示。

图 8-8　线路改造前实景

通过重新排布电线，严格按照安全规范设置线路排布方式，顺应民居外墙的走向布置，使得该处电线排布整齐有序，改善了该用电区域的用电安全和区域整体性美观，如图 8-9 所示。

图 8-9　线路改造后效果图

8.3.2　电线杆美化

如图 8-10 所示，原有电线杆外观没有进行美化处理，水泥陈旧，颜色灰沉，在道路两旁也与周围环境不协调。

对电线杆进行涂漆处理，如图 8-11 所示，颜色根据周围田地与天空的颜色，大致分为白色和绿色，电线杆底部往上 1.2m 的部分为绿漆，既能与田地颜色交汇，又能避免像白漆一样很明显能看到被路过物体污染后的痕迹，同时顶部电线也按照规范要求重新整理排布。

图 8-10　电线杆外观美化前实景

图 8-11　电线杆外观美化后效果图

8.3.3 用电表箱美化

如图 8-12 所示，房屋原有电线老旧，排线杂乱且未固定好，电能表箱简陋，外观不美观。为了协调性，设计了两个新的电能表箱外观方案。

图 8-12 用户电能表箱外观美化前实景

表箱方案一：根据所处区域房屋的屋顶确定电能表箱顶部的设计方案。给予一定坡度可防止积尘和鸟类筑巢，更易清理。根据门、窗、墙壁的颜色，确定电能表箱的主要颜色——由红、白两色组成。与建筑更协调，整体呈现新中式风格，同时电能表箱表面还可以写上门牌号，如图 8-13 所示。

图 8-13 用户电能表箱采用方案一外观美化改造后正面与侧面效果图

表箱方案二：将电能表箱改为壁挂花盆的形式，如图 8-14 所示，正面可以开门，不使电能表箱直接裸露在外。

图 8-14　用户电能表箱采用方案二外观美化改造后正面与侧面效果图

8.3.4　台区美化

如图 8-15 所示，台区原有围护结构只单纯用围栏圈住，从视觉上来说没有对变压器的任何可遮挡物，相对于周围环境来说比较突兀。

图 8-15　台区美化改造前实景

将原本地基抬高，在道路外的一面设置台阶，供维修工人进入围护内部进行检修，同时台阶两侧设置扶手，保证检修人员上下台阶的安全，另外在道路一侧的主要景观面设置了与民居屋顶相似的挡雨棚，并在围栏上设置广告栏板，可供乡村道路宣传广告使

用，整体的颜色也采用与村落建筑相仿的灰色和白色，干净整洁也不失美观，如图 8-16
所示。

图 8-16　台区美化改造后的正面与侧面效果图

参 考 文 献

[1] 危阜胜, 蔡永智, 唐捷, 等. 基于加权最小二乘法的低压配电台区拓扑自动识别方法 [J]. 电力电容器与无功补偿, 2021, 42 (05): 122-129.

[2] 仲崇山, 管明睿, 刘筠, 等. 探索基于电力物联网的精品台区建设新模式 [J]. 电力设备管理, 2021 (09): 36-38+236.

[3] 马喆非, 肖勇, 梁飞令, 等. 低压配电网线损异常智能识别方法 [J]. 自动化技术与应用, 2021, 40 (08): 11-15+22.

[4] 张明明, 秦平, 陈永进, 等. 一种新型的智能台区监控终端开发 [J]. 环境技术, 2021, 39 (04): 160-164.

[5] 李碧桓, 李知艺, 鞠平. 基于随机矩阵理论的低压配电网边-云协同故障检测方法 [J/OL]. 中国电机工程学报: 1-14 [2021-11-23]. http://kns.cnki.net/kcms/detail/ 11.2107.TM.20210816.1509.015.html.

[6] 宋玮琼, 郭帅, 李冀, 等. 基于电压时序数据的配电台区户变关系智能识别 [J/OL]. 电力系统及其自动化学报: 1-8 [2021-11-23]. https://doi.org/10.19635/j.cnki.csu-epsa.000812.

[7] 陈永进. 基于混合整数凸规划的有源配电网重构与无功电压协调优化 [J]. 电力电容器与无功补偿, 2020, 41 (06): 21-29.

[8] 杨成钢, 赵建文, 金华芳, 等. 基于低压配电网三相负荷不平衡时的自决策方案研究 [J]. 电力电容器与无功补偿, 2020, 41 (06): 115-119.

[9] 李天友, 杨智奇, 刘松喜. 基于物联网技术的低压配电网单相断线故障识别研究 [J]. 供用电, 2020, 37 (12): 1-7.

[10] 张明明, 秦平, 陈永进, 等. 考虑通信失效下集中-就地模式切换的低压馈线自动化研究 [J]. 机电工程技术, 2020, 49 (11): 76-78.

[11] 陈永进, 陈志峰. 基于MISOCP的主动配电网有功无功协调动态优化 [J]. 电力电容器与无功补偿, 2020, 41 (05): 60-66.

[12] 张明明, 秦平, 陈永进, 等. 低压配电网分段和联络开关优化配置方法研究 [J]. 电力电容器与无功补偿, 2020, 41 (05): 138-144.

[13] 曲年欣. 低压配电台区中移动储能设备的研究与开发 [D]. 西安: 西安理工大学, 2020.

[14] 熊勇. 基于动态功率调节的低压配电网三相不平衡治理方法研究 [D]. 南宁: 广西大学, 2020.

[15] 陈卓云. 低压台区三相负荷不平衡综合治理技术研究 [D]. 广州: 广东工业大学, 2020.

[16] 唐捷, 蔡永智, 周来, 等. 基于数据驱动的低压配电网线户关系识别方法 [J]. 电力系统自动化, 2020, 44 (11): 127-134.

[17] 廖翼, 施武作, 王涛, 等. 智能配电网低压可视化技术 [J]. 农村电气化, 2020 (04): 43-45.

[18] 何奉禄, 陈佳琦, 李钦豪, 等. 智能电网中的物联网技术应用与发展 [J]. 电力系统保护与控制,

2020，48（03）：58－69.

[19] 陈永进. 基于复杂网络拓扑判别的主动配电网重构优化 [J]. 电气应用，2019，38（12）：31－38.

[20] 陈永进. 考虑园区能源互联网接入及其需求响应的配电网规划方法 [J]. 广东电力，2019，32（10）：45－52.

[21] 聂峥，章坚民，傅华渭. 配变终端边缘节点化及容器化的关键技术和应用场景设计 [J]. 电力系统自动化，2020，44（03）：154－161.

[22] 王清海，戴观权，魏长春，等. 智能低压负荷转供装置研究 [J]. 机电工程技术，2019，48（07）：220－222.

[23] 李永霞，龚宇雷，等. 三相不平衡预计算控制策略 [J]. 电力系统及其自动化学报，2020，32（03）：20－24.

[24] 何山，汪文达，张伟. 基于数据挖掘的低压配电网运行状态评估方法 [J]. 广东电力，2019，32（05）：80－86.

[25] 翁兴航，陈永进，黄慧，等. 计及 DG 接入的山区配电网馈线自动化规划方法 [J]. 机电工程技术，2019，48（04）：178－182.

[26] 吴国沛，王武，张勇军，等. 含光储系统的增量配电网时段解耦动态拓展无功优化 [J]. 电力系统保护与控制，2019，47（09）：173－179.

[27] 张勇军，刘斯亮，江金群，等. 低压智能配电网技术研究综述 [J]. 广东电力，2019，32（01）：1－12.

[28] 林晓明，张勇军. 含高渗透率光伏的低压配电网主动电压控制建模研究 [J]. 电力电容器与无功补偿，2018，39（06）：108－113.

[29] 茆大标，褚先菲. 智能剩余电流动作断路器在农村低压配网中的应用 [J]. 电工技术，2018（22）：14－15.

[30] 刘亚东. 低压配电网中无功补偿智能电容器的研究与设计 [D]. 淮南：安徽理工大学，2018.

[31] 刘轩，张勇军，周俊煌. 适应波动性负荷接入的 D－STATCOM 滞回运行策略 [J]. 广东电力，2018，31（04）：108－114.

[32] 叶琳浩，刘泽槐，张勇军，等. 智能用电技术背景下的配电网运行规划研究综述 [J]. 电力自动化设备，2018，38（05）：154－163.

[33] 宋惠忠，顾华忠，顾韬，等. 基于多源数据挖掘的低压配电网线损智能诊断模型 [J]. 浙江电力，2017，36（12）：57－62.

[34] 隋兴嘉，肖勇，郑楷洪，等. 光储与 DSTATCOM 协同运行及定容 [J]. 电力电容器与无功补偿，2017，38（06）：150－157.

[35] 陈崇敬，张波，徐志军，等. 智能选相开关的低压配电网台区负荷不平衡控制技术 [J]. 电子技术与软件工程，2017（01）：248－249.

[36] 林园敏. 配电网台区电压偏差问题分析及解决方法 [D]. 广州：华南理工大学，2016.

[37] 廖拥军，方兵华，邓泽航，等. 低压配电网智能转供电装置的研究 [J]. 电气技术，2016（09）：12－16.

［38］韩俊玉，高月春，赵东元，等. 基于智能选相开关的低压配电网台区负荷不平衡控制技术的研究 [J]. 电力电容器与无功补偿，2016，37（03）：78－81＋87.

［39］叶琳浩，黄伟，张勇军. 分布式光伏发电接入对配电网谐波特性的影响 [J]. 华南理工大学学报（自然科学版），2016，44（04）：84－90.

［40］陈旭，张勇军，黄向敏. 主动配电网背景下无功电压控制方法综述 [J]. 电力系统自动化，2016，40（01）：143－151.

［41］陈永进，吴杰康. 含分布式电源配电网供电适应性分析 [J]. 宁夏电力，2015（02）：1－5＋30.

［42］李劲，唐捷，张勇军，等. 小水电群对配电网无功电压影响机理分析 [J]. 南方电网技术，2012，6（05）：39－42.